NDV

鸡鸭源

NDV
感染细胞表达谱和
蛋白组学分析

高诗敏　编著

U0248187

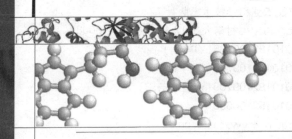

中国农业科学技术出版社

图书在版编目（CIP）数据

鸡鸭源 NDV 感染细胞表达谱和蛋白组学分析／高诗敏编著．—北京：
中国农业科学技术出版社，2014.12

ISBN 978 - 7 - 5116 - 0621 - 1

Ⅰ.①鸡…　Ⅱ.①高…　Ⅲ.①禽病 - 传染病 - 研究　Ⅳ.①S858.305

中国版本图书馆 CIP 数据核字（2014）第 291853 号

责任编辑	张孝安
责任校对	李向荣

出 版 者	中国农业科学技术出版社
	北京市中关村南大街 12 号　邮编：100081
电　　话	（010）82109708（编辑室）
	（010）82109702（发行部）
	（010）82109709（读者服务部）
传　　真	（010）82106650
网　　址	http://www.castp.cn
经 销 者	各地新华书店
印 刷 者	北京富泰印刷有限责任公司
开　　本	710mm ×1 000mm　1/16
印　　张	8.625
字　　数	170 千字
版　　次	2014 年 12 月第 1 版　2015 年 5 月第 2 次印刷
定　　价	36.00 元

摘　要

　　鸡新城疫（Newcastle Disease, ND）是由新城疫病毒（Newcastle Disease Virus, NDV）引起的一种以呼吸道、消化道黏膜出血为特征的高度接触性、急性败血性禽类传染病，被世界动物卫生组织列为危害养禽业的法定报告动物传染病。

　　NDV 对宿主的感染、致病很大程度上是病毒因素和宿主因素相互作用的结果。近年来研究显示 NDV 感染宿主范围不断扩大，不同来源的病毒毒力呈现明显增强的趋势，但不同来源 NDV 对宿主感染的致病机制差异尚不清楚，值得进一步探讨。基于此，本研究根据 NDV 不同的生物学特性，筛选出鸡源 NDV-GM 和鸭源 NDV-YC2 株作为研究毒株，建立了 NDV 感染鸡胚成纤维细胞模型；在此基础上，应用基于 Solexa / Illumina 系统的数字化表达谱（DGE）测序方法，从 mRNA 水平研究鸡源、鸭源 NDV 感染宿主细胞后基因表达谱变化；应用 iTRAQ 方法从蛋白质水平研究鸡源、鸭源 NDV 感染宿主细胞后病毒编码蛋白与宿主细胞蛋白表达的变化。

　　本研究的主要内容如下。

　　1. 鸡源 NDV-GM 株和鸭源 NDV-YC 株生物学特性研究

　　对 2 株病毒的 F 基因和 HN 基因进行分析，结果显示，2 株病毒 F 基因全长均为 1 792bp，预计编码 553 个氨基酸，均含有保守的 6 个潜在糖基化位点（分别位于 85、191、366、447、471、541 残基处）；GM 株 F 蛋白裂解位点的序列为 RRQKRF，YC 株 F 蛋白裂解位点序列为 RRQRRF，均符合 NDV 强毒株的分子特征。F 基因系统进化树显示，GM 属于基因Ⅶ型，YC 株属于基因Ⅸ型，在进化树中处于不同的进化分支。GM 株和 YC 株的 HN 蛋白均为 571 个氨基酸，均含有 5 个相对保守的潜在糖基化位点。对 2 株病毒 NDV-GM 株和 NDV-YC 株进行 MDT、ICPI、IVPI、ELD50、TCID50 进行了测定，NDV-GM 株分别为 70.4h、1.78、2.68、$10^{8.5}$/0.2ml、$10^{8.4}$/0.1ml，NDV-YC 株分别为 58.5h、1.93、1.77、$10^{8.5}$/0.2ml、$10^{9.25}$/0.1ml。检测结果表明，2 株毒株均为强毒株。鸡胚成纤维细胞致病性结果显示鸡源 NDV-GM 株最早于 22h 检测到 HA 阳性，先于鸭源 NDV-YC 株 2h，2 株病毒接种后 70h 左右 HA 均达到峰值，其中，NDV-GM 株 HA 峰值为 5log2，低于 NDV-YC 株 6log2。我们将 NDV-GM 株和 NDV-YC 株病毒通过滴鼻、点眼分别感染 4 周龄 SPF 鸡及 15 日龄非免疫番鸭和三水白鸭，结果 2 株病毒感染后 5d 内 4 周龄 SPF 鸡均全部死亡，死亡率均为 100%；感染 15 日龄非免疫三水白鸭后没有出现明显发病症状；感染番鸭后 NDV-GM 感染组第 6 天开始出现死亡，NDV-YC 感染组有轻微的发病症状，没有出现死亡病例，2 株病毒对番鸭的致病性差异显著。

2. 鸡源 NDV-GM 和鸭源 NDV-YC 感染 DF-1 细胞后的数字化表达谱分析

为研究鸡源 NDV-GM 和鸭源 NDV-YC 感染 DF-1 细胞的数字化表达谱，本实验以 100 TCID50 病毒剂量浓度感染 DF-1 细胞，24h 时收获细胞并提取细胞总 RNA，利用 Illumina 的 Genome Analyzer 的平台测序。分析显示，与空白对照相比，鸡源 NDV-GM 检测到的差异 Tag 数达 23 万个，去除病毒基因后与鸡基因组对应的差异基因达 1.9 万个；鸭源 NDV-YC 检测到的差异 Tag 数达 26 万，去除病毒基因后与鸡基因组对应的差异基因达 1.9 万个。将测序得到的 Tag 对应到参考基因库，统计注释并进行 GO（Gene Ontology）鉴定，结果显示 NDV-GM 和 NDV-YC 感染组两组和空白比对后共测得所处的细胞位置的基因 9 913 个，分子功能的基因 9 800 个，参与的生物过程的基因 9 290 个；其中 NDV-GM 感染组中注释到 GO 功能的基因情况如下：所处细胞位置的包括细胞成分（96.3%）、细胞内细胞器（60.7%）、细胞膜（30.3%）等，分子功能包括催化活性（41.3%）、蛋白结合（30.2%）、核苷酸结合（16.1%）等，参与的生物过程包括生物调节（44.1%）、细胞代谢过程（43.4%）、免疫系统进程（6.6%）；NDV-YC 感染组 GO 分析相似。与空白组对照，差异基因分析显示 NDV-GM 有差异基因 2 435 个，NDV-YC 感染组有 1 922 个差异基因。差异表达基因进行聚类分析，从 NDV-GM 和 NDV-YC 感染组两组和空白相比的基因调节交集中，有差异基因 757 个基因，2 株 NDV 感染组发生调节的相同基因共同注释到 ACTR3、HSP25、TXNDC10 蛋白等。Pathway 分析，发现基因参与多条信号通路，主要包括癌症的信号通路、激动蛋白细胞骨架的调节、TGF- beta 等信号通路。

3. 鸡源 NDV-GM 株和鸭源 NDV-YC 株感染细胞后蛋白质组学研究

为研究 2 株病毒感染细胞中蛋白的变化，本研究采用 iTRAQ 方法对鸡源 NDV-GM 和鸭源 NDV-YC 感染 CEF 细胞进行了蛋白质组学研究。鸡源 NDV-GM 和鸭源 NDV-YC 感染细胞、空白细胞 3 个样品平行上样共检测到 1 721 个蛋白。相对于空白对照组，鸡源 NDV-GM 感染细胞后差异蛋白显著上调的有 16 个，显著下调的 11 个，鸭源 NDV-YC 感染细胞后差异蛋白显著上调的有 15 个，显著下调的 13 个。这些差异蛋白主要包括连接蛋白（54.42%）、细胞成分蛋白（24.64%）、分解代谢蛋白（13.13%）和应激蛋白（6.36%）等相关蛋白等。通过 COG 数据库进行比对，预测这些蛋白可能的功能并对其做功能分类统计，主要包括功能蛋白 292 个，蛋白质修饰、转运、蛋白分子伴侣 190 个，参与核糖体的合成、蛋白翻译的蛋白 160 个。Pathway 显著性富集分析显示 TGF 信号通路 TGFβ 的受体 TGFβRI 上调，肿瘤细胞耐受 TGFβ 的生长抑制。应用 Westernblot 实验验证 CathepsinD 和 β -actin 两个蛋白，分析 CathepsinD 蛋白 Westernblot 验证结果与 iTRAQ 蛋白质组学鉴定结果一致。

关键词：新城疫病毒；宿主；致病性；数字化表达谱；蛋白质组学

ABSTRACT

Newcastle disease (ND) is caused by Newcastle disease virus (NDV) with a respiratory and digestive mucosal bleeding for typical symptoms. It is an acute highly contacting disease. It is regarded in China as a notifiable disease by the Office International Des Epizooties (OIE) and results in severe economic losses.

NDV infected is largely result of the interaction between viral and host. In recent years, it have shown that the host range of NDV had expanded and the virulence of different sources NDV had increased. But the differences in the pathogenesis of different sources NDV are unclear and worthy of further investigation. According to the NDV different biological characteristics, this study screened NDV-GM from chicken and NDV-YC from duck strains, selected chicken embryo fibroblast cell of NDV infection as a research model; we use Digital Gene Expression Tag Profile (DGE) method sequenced based on the Solexa / Illumina system, we researched host cell gene expression changes in mRNA levels from NDV infected cell; we also gained the host cell protein expression changes by iTRAQ from NDV infected cell. The main content of this study are as follows:

1. Study on the biological characteristics of NDV-GM from chicken and NDV-YC from duck

F gene and HN gene were sequenced and analysized. It showed that full length of F gene was 1 792bp, 553aa encoded F protein. Analysis to the potential glycosylation site sequence pattern indicated that both GM and YC had 6 potential glycosylation sites (respectively located at site of 85, 191, 366, 447, 471, 541). Cleavage site of fusion protein from NDV-GM was RRQKRF; meanwhile, NDV-YC was RRQRRF at the cleavage site, corresponding to the molecular feature of virulent NDV strain. The analysis of genotypes revealed that: GM belongs to the gene Ⅶ, YC belongs to the gene Ⅸ. The HN protein length of GM and YC is 571 amino acids, includes 5 relatively conservative glycosylation position spot. We carried out NDV-YC and NDV-GM on MDT、ICPI、IVPI、ELD50、TCID50, NDV-GM respectively is 70.4h、

1. 78、2. 68、$10^{8.5}$/0. 2ml、$10^{8.4}$/0. 1ml; NDV-YC respectively is 58. 5h、1. 93、1. 77、$10^{8.5}$/0. 2ml、$10^{9.25}$/0. 1ml. The results showed, that: the two strains were virulent strain. Chick embryo fibroblasts pathogenicity results showed that tNDV-GM from chicken had the first 22h HA-positive detected, NDV-YC was late in 2 hours, two virus HA peak arrived at 70h after inoculation, HA peak of NDV-GM is 5log2, lower than that 6log2 of NDV-YC. Pathogenicity experiments showed the mortality rate is 100% to SPF chicken of 30 d. infected 15 days old Sanshui duck had no significant symptoms. Infected 15 days old Muscovy duck, NDV-YC group had minor symptoms, no deaths. NDV-GM infected group found death in sixth days. Differences of two pathogenic virus on the Muscovy duck are significant.

2. Digital Gene Expression Tag Profile analysis of NDV-GM from chicken and NDV-YC from duck infected DF-1 cells

We infected DF-1 cells with 100 TCID50 of virus dose concentration, Cells were harvested in 24h, and extracted cells in a total of RNA. Using Illumina's the Genome Analyzer sequencing platform, we found that, with the blank control, NDV-GM group detected differences Tag number is 230 000, remove the corresponding differences in viral gene with the chicken genome, 19 000 genes were detected; NDV-YC from duck detected differences Tag 260 000, corresponding to the removal of viral genes and the chicken genome differences, we found 19 000 genes. Sequencing Tag corresponds to the reference gene pool, Gene Ontology (GO) anlysise showed the results of NDV-GM and NDV-YC Cellular Component genes were 9 913, and 9 800 genes of molecular function, biological processes involved gene were 9 290. GO function genes of NDV-GM group were as follows: cell part (96. 3%)、intracellular organelle (60. 7%)、membrane part (30. 3%); molecular functions including catalytic activity (41. 3%)、protein binding (30. 2%)、nucleotide binding (16. 1%); biological processes including biological regulation (44. 1%)、cellular metabolic process (43. 4%)、immune system process (6. 6%). GO analysis of NDV-YC was similar. Control with the control group, differences gene analysis showed that NDV-GM had 2 435 differentially expressed genes, 922 differentially expressed genes of NDV-YC group were gained. Differentially expressed genes in the cluster analysis to the two groups NDV-GM and NDV-YC joinly owned differentially expressed genes is 757, compared to the blank. Two NDV-infected group had the same gene annotation common to ACTR3、HSP25、TXNDC10 protein. Pathway analysis, we found that the gene is involved in several signaling pathways, including the signaling pathways of cancer regulation of the cytoskeleton, TGF-beta signaling pathway.

3. Proteomics research on NDV-GM from chicken and NDV-YC from duck infected CEF cells

Using iTRAQ proteomics study the changes of the protein, which is from CEF cells infected by NDV-GM from chicken and NDV-YC from duck. NDV-GM from chicken and NDV-YC from duck, blank cell samples measured parallelly with detected 1721 protein. Relative to the blank control group, NDV-GM from chicken group expressed proteins significantly were 16 up-regulated and 11 down-regulated; NDV-YC from duck group expressed proteins were 15 up-regulated, significantly with 13 down-regulated. These proteins including binding (54.42%), cell (24.64%), metabolic process (13.13%) and response to stimulus (6.36%) and so on. Through the COG database comparison to predict the possible functions of these proteins and to do their functional classification statistics, we found 292 functional protein, 190 molecular chaperones, and 160 translation protein. Pathway s analysis showed that the TGF signaling pathway in TGFβ receptor TGFβRI had increased the growth inhibition of tumor cell tolerance TGFβ. By Westernblot to verify CathepsinD and β-actin two proteins, analysis of the protein CathepsinD was the same to iTRAQ results.

Key words: Newcastle disease virus; Host; Pathogenicity; Digital Gene Expression Tag Profile; Proteomics

目　录

CONTENTS

第一章

前　言

1.1　研究背景

1.1.1　新城疫病毒及新城疫研究进展

鸡新城疫（Newcastle Disease，ND）是由新城疫病毒（Newcastle Disease Virus，NDV）引起的一种以呼吸道、消化道黏膜出血为典型病变的高度接触性、急性败血性禽类传染病。世界动物卫生组织（Office International Epizootis，OIE）将其与高致病性禽流感一起列为危害养禽业的法定报告动物传染病。ND 是世界范围分布的禽类重要的疾病之一，且在中国广泛存在，其发生常常给我国养禽业造成巨大的威胁，严重影响养禽业的健康发展（Aldous et al.，2001）。

NDV 属副黏病毒科、禽副黏病毒属（Huang et al.，2003；Mayo，2002），是一种有囊膜、单股、不分节段的负链 RNA 病毒。病毒粒子一般呈球形，直径约 100～400nm，病毒粒子有时具有多形性，病毒粒子的中心是一个呈螺旋形对称的核衣壳，其外包脂质囊膜。NDV 基因组编码的蛋白包括核蛋白（Nucleoprotein，NP）、磷蛋白（Phosphoprotein，P），基质蛋白（Matrix protein，M），融合蛋白（Fusion proteins，F），血凝素—神经氨酸酶蛋白（Hemagglutinin-Neuraminidase，HN）和大聚合酶蛋白（RNA-dependent RNA polymerase or large polymerase，L）6 个独立转录编码单元，基因的排列顺序为 3′-NP-P-M-F-HN-L-5′（Scheid et al.，1974；Sergel et al.，1993；Steward et al.，1993），如图 1 - 1 所示。其中，F 蛋白、HN 蛋白和 M 蛋白位于病毒脂质囊膜上形成纤突，与 I 型禽副黏病毒的毒力有关。F 糖蛋白主要介导病毒囊膜与宿主细胞膜之间的融合过程，它除了与病毒的毒力有关外，还具有良好的免疫原性。HN 糖蛋白主要负责病毒粒子与细胞受体的结合，它还通过促使 F 蛋白充分接近细胞，引起病毒囊膜与细胞膜融合而启动感染过程。M 蛋白是非糖基化蛋白，构成囊膜内表面的支撑物。NP、P 和 L 3 种蛋白为内部蛋白，共同参与病毒 RNA 的转录与复制（Chambers et al.，1986）。L 蛋白与 RNA 复制和转录过程密切相关，是一种病毒 RNA 依赖性的 RNA 聚合酶；NP

蛋白与病毒基因组 RNA 相结合形成核衣壳，在转录和复制过程中充当模板；P 蛋白同病毒基因组 RNA 共同构成核衣壳，在病毒 RNA 合成过程中起着重要作用（Hamaguchi et al.，1985）。

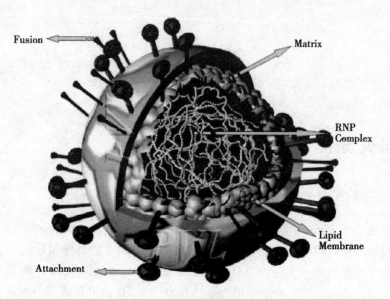

图 1 - 1　新城疫病毒结构

Figure 1 - 1　Schematic representation of the structure of NDV

F 蛋白：又称"融合蛋白"，与多种生物学活性有关，是 NDV 感染细胞所必需的。F 蛋白可以融合病毒囊膜与宿主细胞膜，有促进病毒穿入宿主细胞膜的作用，是决定病毒毒力的关键因子（Panda et al.，2004）。

F 蛋白裂解位点位于 112～116 位的氨基酸处，其氨基酸顺序及裂解能力是决定毒力的关键。有报道对 26 个 NDV 毒株进行核苷酸序列比较发现，所有强毒株 F 蛋白裂解位点的氨基酸组成都是由谷氨酰胺隔开的碱性氨基酸对组成；而弱毒株或无毒株相应的裂解位点碱性氨基酸对的第一个残基被 Gly 取代。另外，强毒株 F1 多肽首位残基是 Phe，而弱毒株的该残基则被 Leu 取代，即强毒株的切割顺序一般为 112RRQK/RR/F117；而弱毒株的通常为 112GR/KQGR/L117（Collins et al.，1993）。这就是 NDV 毒力强弱的关键所在。

F 蛋白的致病机理已通过实验得以证实（Panda et al.，2004）。F 蛋白通常以无活性的 F_0 前体形式存在，F_0 经宿主细胞内的蛋白酶裂解成以二硫键连接的 F_1 和 F_2 亚单位后，使病毒具有感染活性，裂解后的活性蛋白一旦到达质膜表面即可介导感染细胞与邻近细胞的融合，并导致病毒新的感染。这种裂解是在宿主细胞内的类胰蛋白酶作用下完成的（Romer-Oberdorfer et al.，2003）。F 蛋白能否被裂解取决于病毒的强弱和宿主细胞的特性。F_0 的裂解是病毒与细胞融合所必需的，也是病毒具有感染所必需的。强毒株 F_0 分子能被多种细胞蛋白酶裂解，能在多种来源的宿主细胞内生长，对多种细胞具有感染力，并可导致全身感染，这是 F 基因致病性的基础（Wakamatsu et al.，2006）。而弱毒株的 F 蛋白仅在少数特殊类型的细胞中裂解，因此对少数细胞具有感染力，临床上表现为局部感染，如呼吸道感染和肠道感染。F 蛋白的裂解发生在 112～117 位氨基酸序列，强弱毒各不相同，强毒为 112/K-R-Q-K/R-R-F117，在 Q 两侧各有一对碱性氨基酸，这对 F_0 的有效裂解具有重要作用。弱毒序列为 112 位 G/E-K/R-Q-G/E-R-L117，弱毒株以中性氨基酸取代了强毒株中的碱性氨基，特别是 112 和 115 位碱性精氨酸被取代，使 F_0 更不易裂解，以非活性形式编入子代毒中，导致没有膜融合活性，感染性很低或丧失（Marin，1996）。

血凝素 – 神经氨酸酶蛋白（HN）是 NDV 较大的一种糖蛋白，兼有 HA 和 NA 两种活性，即具有识别细胞膜上的唾液酸受体并与之结合以及破坏这种结合的活性。这两种活性对于 NDV 侵染细胞均具有重要的作用（Iorio et al.，1991）。研究表明，受体的识别依赖于 NA 活性，调节 NA 活性的 HN 残基对于吸附作用并不是最重要的，NA 活性需要有另外的 HN 蛋白介导从而结合到受体（Estevez et al.，2007）。此外，HN 蛋白还具有促进 F 蛋白融合作用的融合启动功能（Sergel et al.，1993）。HN 蛋白一般包含 6 个潜在的糖基化位点（在第 119、第 341、第 433、第 481、第 508 和 538 位置），其中，5 个在副黏病毒中是保守的。糖基化作用对于 HN 转运到细胞表面无作用，但对于神经氨酸酶活性则是必需的。

M 基质蛋白是 NDV 囊膜上除 F 蛋白、HN 蛋白之外的第三种蛋白，M 蛋白与融合糖蛋白 F 之间的重要相互作用对于有感染性的病毒粒子的形成是必需的（Peeples et al.，2000）。M 蛋白具有疏水性但不是跨膜蛋白，位于病毒囊膜的内侧面，一部分镶嵌在囊膜内，另一部分与核衣壳相互作用，构成囊膜的支架。在病毒的装配中发挥重要作用。研究表明，M 蛋白不仅参与病毒粒子的形成，而且还具有诱导病毒粒子形成的活性（Sakaguchi et al.，1989）。在感染过程中，大量 NDV 的 M 蛋白集中于被感染或 M 基因转染的细胞核分泌区内，而 NDV 的其他结构蛋白则存在于细胞浆中。在感染早期可在核内检测到 M 蛋白，尤其是集中在核仁部分，并在感染过程中始终在细胞核和核仁中浓集，细胞核内的 M 蛋白可能在抑制宿主细胞生物合成方面起作用。在 M 蛋白和膜内糖蛋白之间存在着特异的识别位点（Sakuma et al.，1984）。M 蛋白突变株不能将 F 蛋白组装进入病毒粒子，也就不能形成有感染性的病毒子。

P 蛋白、NP 蛋白和 L 蛋白与病毒基因组 RNA 相结合构成病毒核衣壳。P 蛋白的 C 端有 32 个氨基酸（316～347 位氨基酸）和 N 端 59 个氨基酸形成超螺旋结构，是 L-P、P-P 和 P-NP 之间相互作用的主要区域（Bowman et al.，1999）。NP 有两个主要区域：一是氨基端区域，约占整个分子的 2/3，与 RNA 直接结合；二是羧基端区域，裸露于装配后的核衣壳表面，胰蛋白酶处理后可以由核衣壳上解离下来，表明两区域的结合部存在对蛋白酶敏感的序列（Zhou et al.，2010）。L 基因的长度几乎占整个病毒基因组的一半。L 蛋白和 P 蛋白在病毒粒了中含量很低，位于核衣壳内，是 RNA 依赖的 RNA 聚合酶的两个亚单位，两者形成的复合物具有完整的酶活性（Hamaguchi et al.，1983）。将 L 蛋白与 P 蛋白加入已完全除去这两者的病毒衣壳中，它们能一起构成有活性的病毒转录复合物。病毒 RNA 聚合酶识别被核衣壳蛋白（NP）紧紧包裹的 RNA 模板，P 和 NP 相结合，使 NP 发生结构上的改变，在 RNA 聚合酶阅读其模板时有利于核衣壳螺旋的伸展，为酶的作用留下足够的空间（Nishio et al.，1996）。参与 RNA 转录和复制的大部分酶（如病毒 RNA 多聚酶、mRNA 加帽酶、甲基转移酶、PolyA 多聚酶和磷酸激酶等）活性都存在于 L 蛋白上（Hunt et al.，1988）。序列分析表明，大部分 RNA 的合成和修复活性在 L 蛋白 N 端第 2 个和第 3 个氨基酸上定位，这一区段具有高度保守性；而 C 端的保守性相对较小，可能与病毒的特异性有关。L 蛋白相对保守，且对于禽类的副黏病毒是特异的（Wise et al.，2004）。

　　NDV 病毒的复制与一般负链 RNA 病毒的复制相似。但是病毒缺乏自身增殖所需完整的酶系统，增殖时必须依靠宿主细胞合成核酸和蛋白质，甚至利用宿主细胞的某些成分，这就决定了病毒在宿主细胞复制的特性，细胞是病毒增殖的唯一的场所，在活细胞内，病毒借助细胞器和酶等合成系统进行病毒特异性吸附、侵入、脱壳、核酸转录、蛋白质合成、病毒粒子的成熟及装配。然而，由于病毒占据了细胞的生活机器，利用了细胞赖以生存的酶，夺取了细胞的营养，关闭了宿主细胞的高分子合成，产生的病毒成分对细胞的毒性作用而毁灭了细胞，以出芽或裂解的方式释放出来。新城疫病毒感染细胞首先是病毒粒子利用 HN 蛋白与细胞的唾液酸受体结合来完成病毒与细胞的附着，然后表面糖蛋白 F 的作用，将病毒囊膜与宿主细胞表面脂蛋白囊膜融合、复制，这一过程主要有两种囊膜糖蛋白 F 和糖蛋白 HN 来完成，如图 1-2 所示。

　　新城疫病毒虽然只有 1 个血清型，但由于宿主的年龄、品种及感染毒株不同，NDV 对不同遗传背景的致病性差异很大。NDV 的毒株分类有 3 种方法：即根据 NDV 致病性实验分类、单抗排谱分类和基因型分类，其中，基因型分类方法细分为 3 种分类方法。分类的方法不同导致毒株的归类有差异。致病性实验分类：世界卫生组织（OIE）根据 5 个 NDV 毒力指标：最小致死量病毒致死鸡胚的平均时间（MDT）、1 日龄雏鸡脑内注射的致病指数（ICPI）、6 周龄鸡静脉接种致病指数（IVPI）、病毒凝聚红细胞后解脱速率和病毒血凝集对热的稳定性，将 NDV 分为三大类，高致病性（亦称速发型）、中致病性（亦称中发型）和无致病性（亦称缓发型）。

　　新城疫于 1926 年首次暴发于印度尼西亚的 Java（Kraneveld，1926）和英国的 Newcastle city（Doyle，1927）。1927 年，Doyle 首次证明，本病的病原是一种病毒并命名为鸡新城疫。

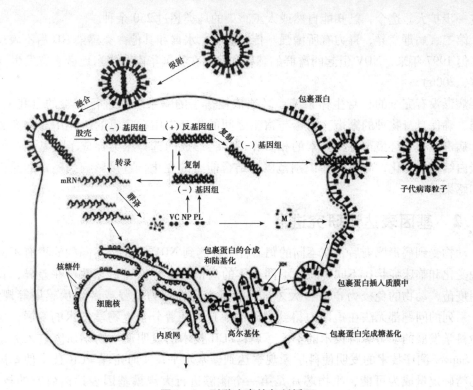

图 1-2 副黏病毒的复制循环

Figure 1-2 Paramyxovirus replication

新城疫主要宿主是鸡，经过几次世界范围内 ND 的大流行后，其宿主范围已经明显地扩大。迄今已知能自然或人工感染的鸟类超过 250 余种，而且可能有更多的易感宿主还没有被发现（殷震等，1997）。NDV 对不同宿主的致病性差别很大，一般认为，鹅和鸭等水禽对 NDV 有较强的抵抗力，感染后一般不容易发病和造成流行或暴发。但是，近年世界各地不断有 NDV 感染水禽造成发病和流行的报道（辛朝安等，1997；Takakuwa et al.，1998）。在我国，从 1997 年陆续有报道 ND 的发病和流行，而且不论是陆禽还是水禽均有发生，且毒力呈现增强的现象，给我国养禽业造成了很大的威胁和损失。

随着养鸡业在我国蓬勃兴起，其饲养规模扩大和饲养数量的增多，免疫的压力逐渐加大，再加上我国养殖的管理发展滞后，NDV 的危害日趋严重，且出现了许多新问题：第一、病毒感染的宿主范围不断扩大。经过 4 次世界范围内 NDV 的大流行后，其宿主范围明显扩大。自 20 世纪 80 年代发生鸽副黏病毒感染和驼鸟新城疫，90 年代中期以来，在鹅群中也常见 ND 的暴发与流行（辛朝安等，1997），此外，近年来也偶见一些鸭群发生 ND（Sergel et al.，1993；张训海等，2001），说明 ND 的易感宿主范围在进一步扩大。迄今，已知能自然或人工感染的鸟类超过 250 余种。

第二、病毒变异，毒力有所增强。传统认为，水禽和其他禽类感染 ND 后不表现症状，但 1997 年来，NDV 引起的禽群的感染和发病在我国华南和华东地区多有发生（任涛等，2006）。

病毒没有完全的自身生命系统，必须依赖宿主的酶系统来进行病毒的自我复制、散播，确保自身物种的繁衍。病毒与宿主之间的相互作用在病毒的进化中显得尤为重要。病毒在宿主环境与各种因素的相互作用中，形成的选择压力促成了其基因结构乃至蛋白结构的变化，导致受体识别范围、结合能力的变化，直接影响到病毒的感染能力和感染对象。

1.1.2　基因表达谱研究进展

动物受到病毒感染后，在不同的靶器官中检测到 NDV 存在，不同的病毒有不同的病理变化和临床症状；不同时间、不同个体的病情严重程度、易感性存在差异，长期使用疫苗，动物的免疫力也有很大差异，病毒也存在毒力返强或者潜伏感染等现象，这一系列的问题都无法在短期内得到很好的解释。随着分子生物学技术的发展，推动生命科学发展的动力源自技术的不断革新，PCR 技术的发明使生物学研究进入分子水平，Sanger 测序技术的发明使科学家观察达到碱基水平；实时定量 PCR 技术使基因表达的精确定量成为可能，生物芯片是第一个能够进行大规模基因表达谱研究的技术，尽管生物芯片技术方兴未艾，但接踵而来的第二代测序技术使得基因表达研究进入数字化时代，同时实现了真正意义上的全基因组表达谱研究。

基因表达谱技术给研究者提供了新的研究手段，同时研究者的视野也从病毒本身以外顾及到宿主基因表达调控、宿主差异基因的变化等，为人类预防动物疾病、临床诊断、治疗、疫苗研发提供理论基础。基因表达谱分析应用广泛：在基础科学研究中，可筛选和生长、分化和发育等各种生理过程相关的基因，破解生命的奥秘；在农业科学上，可筛选影响生长、抗病相关的基因；在医学研究中，可用于疾病的诊断、分型、预后、标志物的筛选及对疾病发生机制的研究；在药物研发上，可用于药物靶点筛选和药物作用机制分析。

基因表达谱的发展如图 1 - 3 所示，传统芯片杂交的基因表达谱研究方法并不完善，芯片杂交技术不可避免有较高的背景信号，这直接导致芯片无法对低丰度基因进行研究，而这些低丰度基因往往对生理和病理过程有重要意义。同时，芯片又有较高的交叉杂交和信号强度偏向性，这使得芯片不能够准确检测基因表达量，芯片设计、研制、推广的过程导致这种技术的时间滞后性，在生物数据快速更新的时代无法跟上科学家的需求。

于是，基于第二代测序技术的数字表达谱（Digital Gene Expression Tag Profile，

DGE）技术的出现很好地解决了以上背景信号、交叉干扰和数据更新等问题。利用高通量测序能够得到数百万个基因的特异标签，而数字的序列信号可以准确、特异地反映对应基因的真实表达情况。这种技术甚至可以精确地检测低至一两个拷贝的稀有转录本（rare transcripts），并精确定量高达 10 万个拷贝的转录本的表达量变化。由于序列无须事先设计，DGE 数据具有极佳的实时性，可以充分利用当前爆发式增长的信息资源，并与未来相衔接，DGE 可以检测到许多未曾注释的基因和基因组部位，为新基因的发现提供了良好的线索。这一技术进步允许科学家更加全面、准确地把握全基因组的基因表达情况。

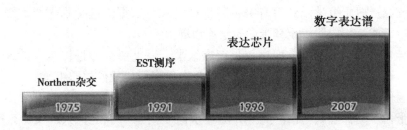

图 1 - 3 基因表达谱发展过程

Figure 1 - 3 Process of Gene expression profile

1.1.3 蛋白质组学在兽医学科中的应用

随着人类基因组测序计划的完成，人们对众多生物基因的认识逐渐清晰，生命科学研究的重心已转入后基因组时代，其研究的焦点已成为生命活动的真正执行者——蛋白质，蛋白质组学研究也成为生命科学研究领域最活跃的学科之一。蛋白质组学技术作为生物界乃至病毒领域的有力工具而被广泛运用，在生命活动中只有通过蛋白质组学研究，才能更加贴近地掌握生命的现象和本质，找到生命活动规律。其中，比较蛋白质组学针对不同空间、时间上动态变化着的蛋白质组的整体进行比较，分析不同蛋白质组之间在表达数量、表达水平和修饰状态上的差异，以发现与病变相关的特异蛋白质，该技术在兽医界已经应用于猪瘟病毒，猪口蹄疫病毒，对疾病的诊断和治疗具有重要意义。本文主要对比较蛋白质组学研究的主要技术及在动物病毒性疾病研究上的应用作一综述。

1.1.3.1 蛋白质组和蛋白质组学

蛋白质组（proteome）的概念是在 1994 年由澳大利亚学者 Winkins 和 William 首先提出（Wilkins et al.，1996）。蛋白质组是指一个基因组或一个细胞、组织表达的全部蛋白质。蛋白质组学是全面研究细胞、组织乃至整个生命体内基因表达的情况及其活动规律的科学（Wasinger et al.，1995）。其研究领域包括对机体、器官或细胞器中所有蛋白进行鉴定、定量、结构分析以及生物化学和细胞功能的研究，以及蛋白随时空、生理或病理状态发生的改变以全面揭示生命活动的本质。根据研究目的的不同可将蛋白质组学分为蛋白表达蛋白质组学、功能蛋白质组学和结构蛋白质组学（Graves et al.，2002）。

1.1.3.2 比较蛋白质组学的研究内容

蛋白质组学研究主要有两方面，一是结构蛋白质组学，二是功能蛋白质组学，其内容涉及以下 3 个方面。

①组成性蛋白质组学。针对有关基因组或转录组数据库的生物体或组织细胞，建立其蛋白质组或亚蛋白质组及其蛋白质组连锁群。

②差异显示蛋白质组学，即比较蛋白质组学。以重要生命过程或人类重大疾病为对象，进行重要生理病理体系或过程的局部蛋白质组或比较蛋白质组学。

③相互作用蛋白质组学。通过多种先进技术研究蛋白质之间的相互作用，绘制某个体系的蛋白，又称细胞图谱。此外，随着蛋白质组学研究的深入，又出现了一些新的研究方向，如亚细胞蛋白质组学、定量蛋白质组学等。

1.1.3.3 蛋白质组学研究的相关技术

蛋白质组学研究主要依赖四大技术：蛋白质分离技术、蛋白质鉴定技术、蛋白质相互作用分析以及生物信息学。此外，发展中的蛋白质组数据库是蛋白质组学的重要辅助工具。

1.1.3.4 比较蛋白质组学

比较蛋白质组学（Comparative proteomics）是蛋白质组学的重要研究策略，其核心是寻找样本间差异，以揭示蛋白质本身生理病理过程中的变化，使得具有的多样性、可变性与构象的复杂性的蛋白质研究技术有了较高的可实现性。用现代先进技术比较不同生物体在不同时刻或不同状态下蛋白质表达的变化，对研究生物反应过程中蛋白的变化有重要的意义。通过比较蛋白质组学研究能对疾病发生过程中蛋白调控网络有整体认识，找到疾病发生过程中的发挥重要作用的蛋白。这些蛋白可作为研究目标或诊断靶分子利于生物界和医药的研究。比较蛋白质组学研究不仅有利于揭示生命活动规律，而且又为疾病的发病机理、诊断和防治等方面提供了研究基础（Lee et al.，2007；McGregor et al.，2006）。

（1）蛋白质样品的制备

蛋白质样品制备是蛋白质组学研究的首要的步骤，各类不同样品的最佳制备方法有所不同。通常可先采用细胞或组织中样本的全蛋白质组分进行蛋白质组分析。比较蛋白质组学的关键是选择具有高度可比性、特异性差异显著对象。为保证实验能准确反映差异蛋白的存在，需要考虑到样本成分的复杂性，而采取措施减少干扰因素或个体差异，提高样本的均一性。

（2）蛋白质分离技术

双向凝胶电泳技术（two-dimensional gelelectrophoresis，2-DE），2-DE 是在 1975 年 O'Farnel（O'Farrell，1975）和 Klose（Klose，1975）首先提出，是根据蛋白质等电点和分子量差异分离分辨率最高的一种方法，是蛋白质组学研究中最常用而可靠的技术之一。基本原理一是基于蛋白质的等电点不同在 pH 梯度胶内等电聚焦（IEF），二是根据分子量的不同大小进行聚丙烯酰胺凝胶电泳（SDS-PAGE）分离，把复杂蛋白质混合物中的蛋白质在二维平面胶上分开（李义良等，2004）。以双向即二维凝胶电泳技术和质谱技术为基础的蛋白质组学研究程序为：样品制备 - 等电聚焦 - 聚丙烯酰胺凝胶电泳 - 凝胶染色 - 挖取感兴趣的蛋白质点 - 胶内酶切 - 质谱分析确定肽指纹图谱或部分氨基酸序列 - 利用数据库确定蛋白。

差异凝胶电泳技术（differential in-gel electrophoresis，DIGE），DIGE 由 Unlu 等在 1997 年首次提出，改进了 2-DE 技术的重复性和灵敏度，是以荧光染料标记的定量分析凝胶上蛋白质点的双向电泳技术（张树军等，2009）。它结合了多重荧光分析的方法，在同一块胶上共同分离多个分别由不同荧光标记的样品，避免了不同批次胶与胶之间的误差，极大地提高了结果的准确性、可靠性和可重复性。在 DIGE 技术中，每个蛋白点都有它自己的内标，并且软件可全自动根据每个蛋白点的内标对其表达量进行校准，保证所检测到的蛋白丰度变化是真实的。缺点是其标记方法对大分子或者极酸极碱性蛋白质标记有一定的困难（Tonge et al.，2001；U Nl U et al.，1997；Zhou et al.，2002）。

此外，同位素亲和标签技术是近年发展起来的一种用于蛋白质分离分析技术，如体外标记 ICAT（isotope-coded affinity tag）和体内标记 SILAC（Gygil et al.，1999；Ong et al.，2002）（stable isotope labeling by amino acids in cell culture）等技术，该技术目前是蛋白质组研究技术中的核心技术之一。

（3）蛋白质鉴定技术

生物质谱技术（mass spectrometry，MS）是蛋白质组学研究中最重要的鉴定技术，对蛋白质和多肽而言，质谱技术就是要确定一个蛋白质或多肽的分子质量。质谱技术的基本原理是样品分子离子化后，根据不同离子间质荷比（m/z）的差异来确定相对分子量（刘维薇等，2004），具有灵敏度高、准确率高、自动化等特点。目前，用于蛋白质鉴定的质谱主要有：表面增强激光解析离子化飞行时间质谱技术（SELDI-TOF-MS）、基质辅助激光解吸电离飞行时间质谱（MALDI-TOF-MS）和电喷雾电离串联质谱（ESI-MS/MS）（Fenn et al.，1989；Hensel et al.，1997）。其中，SELDI-TOF-MS 技术于 2002

年由诺贝尔化学奖得主田中发明，刚刚产生便引起学术界的高度重视，是目前蛋白质组学研究中比较理想的技术平台。

（4）蛋白质相互作用的分析技术

蛋白质芯片技术，蛋白质芯片（protein chip）是高通量、大规模的一种鉴定分析蛋白质方法。它研究蛋白质与蛋白质相互作用、酶与底物之间相互作用、蛋白质与其他小分子之间的相互作用。它采用微阵列方法，特异性获取靶蛋白，同时对多种蛋白质分析更为准确。该技术在寻找小分子量表达蛋白时还存在着一些局限性，不利于差异蛋白的研究。蛋白质芯片在医学临床诊断、疗效分析和药物筛选方面具有潜在的重要应用价值（Boguski et al.，2003；Zhu et al.，2001）。

酵母双杂交技术，是研究蛋白质之间的相互作用的分子生物技术，具有很高灵敏度，对蛋白质之间微弱的、瞬间的作用也能够通过报告基因的表达产物敏感地检测到。利用该技术可发现蛋白质的新功能（Collins et al.，2003；Walhout et al.，2000），细胞内抗原和抗体的相互作用、筛选药物的作用位点以及药物对蛋白质之间相互作用的影响、建立基因组蛋白质连锁图等。

1.1.3.5　生物信息学分析

蛋白质组数据库是蛋白质组研究水平的标志和基础。利用生物信息学软件和数据库对蛋白质组的各种数据进行处理和分析，也是蛋白质组研究的重要内容部分。生物信息学的发展，已不仅是单纯的对基因组、蛋白质组数据的分析，而且可以对已知的或新的基因产物进行全面分析。在蛋白质组数据库中储存了有机体、组织或细胞所表达的全部蛋白质信息，通过用软件可以获得双向凝胶电泳图谱上的蛋白质点。

1.1.3.6　比较蛋白质组学技术在动物疾病中的应用

蛋白质由基因转录翻译而成，与机体生命活动及疾病的发生有关。利用先进的比较蛋白质组学技术研究动物源致病病毒，将其与传统病毒学方法相结合，对病毒致病过程中相关宿主蛋白的表达、相互装配和作用进行系统研究，有助于了解这个细胞或生物体所处的状态，以及它们的状态是正常或是异常，甚至常可能找到其异常的原因。因此，通过提供全新的思路和手段，比较蛋白质组学技术日益成为病毒学研究的有力工具，可以用于病原微生物致病机制的研究；新型疫苗的研究；探讨环境因素对机体组织和细胞的影响和病原微生物耐药机理的研究及药物开发，比较蛋白质组学在兽医学方面的研究有很大前景。

病毒研究主要在以下方面：利用蛋白质组学技术分析病毒颗粒的蛋白组成；筛选与复制和感染有关的表达调控因子和并研究其与宿主间的相互关系；病毒感染的差异蛋白等内容。

（1）利用蛋白质组学技术分析病毒颗粒的蛋白组成

病毒基因组核衣壳蛋白、膜蛋白等构成感染性病毒颗粒，采用比较蛋白质组学技术对基因组较复杂或新出现的病毒进行分析，可直接、快速地了解病毒感染前后的蛋白质组成及其蛋白结构变化，有助于阐明相关蛋白的功能。Ying 等（Ying et al.，2004）利用类似方法对 SARS 冠状病毒的刺突蛋白（Spike，S）等进行研究，发现 S 蛋白的变异与其存在大量翻译后修饰有关，S 蛋白作用是与细胞上的病毒受体结合使病毒包膜与细胞膜发生融合继而进入到细胞内，S 蛋白的变异可以影响其组织嗜性的变化。质谱还表明其与 N 蛋白细胞凋亡有关。

（2）运用蛋白质组学技术分析病毒基因表达调控及其与宿主间的相互作用

病毒的致病过程，一方面是病毒突破多级防护，完成复制的致病过程，另一方面是宿主抵抗病毒侵入，发生特异性免疫的过程。其中，病毒基因表达调控和两者蛋白间的相互作用是影响致病的重要因素。2004 年 Alfonso 等（Alfonso et al.，2004）研究了非洲猪瘟病毒（African swine fever virus，ASFV）感染 Vero 细胞后不同时间点的蛋白谱，运用比较蛋白质组学方法研究感染细胞后的表达蛋白进行分析，质谱鉴定发现载脂蛋白 AI/E 前体和一种肿瘤抑制蛋白 Prohibitin 在感染早期出现，硫氧还蛋白和热休克蛋白 27 于晚期被诱导表达，在调控着致病过程。Zheng（Zheng et al.，2008）等于2008 年研究感染传染性法氏囊病毒（IBDV）的 CEF 上的蛋白变化，发现 IBDV 感染在很大程度上阻止了与泛素调节蛋白降解、能量代谢、中间丝、宿主转录体和信号传导有关的那些细胞蛋白表达，这些蛋白将影响信号通路中的表达调控。

（3）病毒感染的差异蛋白

病毒对细胞的感染是病毒和宿主相互作用的过程，病毒基因在细胞中复制，翻译成蛋白，从而影响细胞中蛋白的变化。通过蛋白质组学方法，比较病毒感染前后或不同感染条件下培养上清、感染细胞差异蛋白谱，是研究病毒对宿主造成的影响最为直观的方法。目前的蛋白质组学分离技术可以同时分析大量蛋白，发现病毒与宿主相互作用中蛋白的变化及发挥作用的蛋白，为研究致病机理提供大量目的蛋白。Liu 等（Liu et al.，2008）运用 2-DE 技术比较分析流感病毒 H9N2 感染细胞系后不同时间点表达的蛋白差异，寻找流感病毒致病机制和病毒适应性的相关蛋白，分析鉴定出了 22 种蛋白，这些蛋白主要包括细胞骨架蛋白、RNA 加工途径相关蛋白和代谢相关蛋白等。Sun 等（Sun et al.，2008）运用 2-DE 结合 MALDI-TOF-MS/MS 技术研究 PK-15 细胞感染猪瘟病毒后 48h 时细胞内蛋白的变化，鉴定蛋白发现这些差异表达蛋白的研究将有助于理解猪瘟病的的感染和致病机制。Zhang 等（Zhang et al.，2009）运用蛋白质组方法研究猪繁殖与呼吸综合症病毒（PRRSV）感染的肺泡巨噬细胞（PAMs）在不同时间点的差异表达蛋白，鉴定的蛋白主要是细胞形态发生、蛋白质合成、生物代谢、应激反应和泛素蛋白酶体相关蛋白。这些蛋白有助于理解猪繁殖与呼吸综合症病毒感染的肺泡巨噬细胞后引起细胞功能的变化。Zhang 等（Zhang et al.，2009）对猪圆环病毒 2 型（PCV2）感染 PK-15 细胞后差异表达蛋白进行分析，结果显示，差异表达蛋白主要在 PCV2 感染后的 48～96h 出现，并且鉴定发现与 PCV2 的复制和致病机制相关的蛋白质组信息。

1.1.3.7　展望

随着蛋白质组学技术的完善，蛋白质组学与生物信息学之间的紧密结合，比较蛋白质组学研究将不断深入发展。各种蛋白质分离、鉴定技术不仅能为阐明生命活动规律提供物质基础，也能为探讨重大动物疾病的机理、诊断、防治和新药开发等提供重要的理论依据和实际解决途径，从而在兽医学领域中作出巨大贡献。

定量蛋白质组学是蛋白质研究的前沿学科。目前，常用的定量蛋白质组学研究技术有荧光差异凝胶电泳（DIGE）、同位素亲和标记（ICAT）等。同位素标记相对和绝对定量（iTRAQ）技术是近年来最新开发的一种新的蛋白质组学定量研究技术。结合非凝胶串联质谱技术，该技术可对复杂样本、细胞器、细胞裂解液等样本进行相对和绝对定量研究，具有较好的定量效果、较高的重复性，并可对多达 8 种不同样本同时进行定量分析。

蛋白质组学的研究非常复杂，仅仅知道蛋白质的身份并不足以最终确定蛋白质，因为蛋白质的浓度对于实现其在细胞中的功能来说极其重要，一种特殊蛋白质在浓度上的变化，就能预示细胞的突变过程。因此，科学家能够对蛋白质的相对和绝对浓度进行测量，是很重要的事情。过去，科学家通常先进行二维（2D）凝胶电泳，切断条带，再用质谱方法测量条带中的蛋白质。而采用 iTRAQ 蛋白质定量技术可以加速蛋白质的定量研究，基于高度灵敏性和准确性的串联质谱方法，不需要凝胶，就可以获得蛋白质相对和绝对的结果。iTRAQ 试剂盒包括 8 种同量的氨基反应试剂，能对蛋白质水解的肽段标记，因此，采用串联质谱方法，可以对肽段进行准确的鉴定和定量。iTRAQ 的操作程序非常简单，既可以直接标记蛋白质，也可以将蛋白质酶解为肽段，然后用 iTRAQ 试剂进行差异标记。再将标记物混合，这样就可以对其进行比较。与样本结合后，用 2D 液相色谱串联质谱进行分析。在质谱分析鉴定特殊肽离子片段结构的基础上采用 Protein Pilot 软件包对每一个肽段进行鉴定。

综上所述，近年来新出现的数字化表达谱技术和比较蛋白质组学 iTRAQ 技术给我们带来了新的机遇，使我们能够从宿主和病原体相互作用的角度从 mRNA 水平和蛋白质水平探究鸡源、鸭源新城疫病毒致病性的分子机理，为控制该病，研究新型疫苗提供新的思路。

1.2 研究目的及意义

自1926年发现并分离到NDV以来，该病在世界各地广泛流行，宿主范围不断扩大。鸭成为ND的感染宿主，在我国是近几年刚发生的，而且这种自然感染并引起鸭发病死亡的鸭源NDV明显区别于以往的鸡源NDV，为了阐明鸡源、鸭源NDV致病性的分子机理，从宿主方面解析这两种NDV致病性差异的分子机理，为展开NDV感染控制的药物设计和疫苗研究提供理论基础，具有重要的理论意义和潜在应用前景。

新城疫在世界各地广泛流行。传统观念认为鸡和火鸡是新城疫病毒的主要宿主，一般认为鹅、鸭等水禽对致病性NDV具有较强的抵抗力，仅表现为带毒，即使强毒感染也不致病。Vickers等用NDV分离毒株人工感染野鸭，结果显示野鸭可以排毒数月之久，但并不发病死亡，而是维持一种良好的宿主-寄生关系（Vickers et al.，1982）；Spalatin等用NDV感染家鹅，大部分不表现临诊疾病，13只试验鹅中只有1只死亡。基于这些认识，长期以来，一直认为NDV对水禽无毒力或是低毒力，在其循环传播过程中水禽更多表现为自然贮存库（reservoir）；Spalatin等甚至于1975年指出，野水禽一般不会从家禽群体感染NDV，也不会将NDV传播给家禽（Wan et al.，2004）。

近年来，随着世界各地养禽规模、饲养方式、畜禽贸易以及防制措施等方面的变化，ND的发生和流行也随之出现了一些新的特点。首先是宿主范围的不断扩大，关于NDV感染鹅、企鹅、鹦鹉、鸽子、番鸭、鸬鹚、鸵鸟、野鸡、孔雀、秃鹫、鹧鸪和朱鹮等野生禽类及家养鸟类的报道日益增多。迄今为止，已知能自然或人工感染的禽类超过250种。其次是对水禽致病性的变化，从1997年开始，广东省和江苏省两省的许多鹅群陆续发生NDV感染，感染造成较严重的发病、死亡，并逐渐向华东地区和全国各地蔓延。从发病鹅群分离到的毒株，在生物学特性和核酸序列上都符合NDV强毒株的特征，用这些毒株很容易人工复制本病。流行病学调查发现，各种年龄的鹅均具有易感性，而且年龄越小，发病率和死亡率越高。除感染鹅之外，从2000年以来，安徽省、山东省、福建省、浙江省和河北省等地鸭群也相继发生NDV感染，感染鸭以消化道和免疫器官的病理损害为主要症状，死亡率高达90%，从发病鸭分离的毒株人工感染鸭后，发病率达50%~100%。目前，已证实该病的病原就是禽副黏病毒NDV强毒株。更为重要的是，这些鸭源致病性NDV也能引起鸡群的感染和发病，对鸡具有较强的致病性。除了鸭源NDV对鸡高度致病外，鹅源NDV毒株，人工感染或自然接触都能对鸡和鹅等禽类高度致病，但对鸭无致病力；而鸡源新城疫病毒常对鸭和鹅都没有致病性。以上有关新城疫的感染情况，使我们重新关注一个问题即是什么机制导致新城疫病毒对水禽从无致病性到致死性的改变？这些毒株究竟是鸡群内出现的强毒株传播到鹅群、鸭群，还是在鹅群、鸭群长期适应并筛选出的致病性强毒株？造成这种对不同宿主致病性差异的机制又是什么?

长久以来,国内学者对 NDV 的致病机理的研究进行了探索,但进展缓慢。近年来由于新城疫病毒的反向遗传操作系统的日渐成熟,利用反向遗传手段对 NDV 致病基因进行研究,有助于我们从基因水平上阐明不同宿主源 NDV 的分子致病机理和遗传变异规律。然而病毒的感染与致病是病毒因素和宿主细胞因素相互作用的结果,在此期间,既有病毒为逃避宿主防御机制而进行的改变,也有宿主为清除病毒而调动防御体系的作用。因此,除了关注对病原本身致病机理的研究外,还需要同时关注病毒感染宿主后,宿主细胞基因转录、蛋白表达及生物功能改变的信息,这样既可以了解宿主为抵抗感染所进行的非特异应激反应,也可以探究其针对病毒的特异防御机制,能够获得非常有价值的结果。

近年来,新出现的数字化表达谱学和蛋白质组学技术使我们能够从宿主和病原体相互作用的角度探究鸡源、鸭源新城疫病毒致病性差异的分子机理。目前,数字化表达谱技术(Digital Gene Expression Tag Profile,DGE)利用新一代高通量测序技术和高性能计算分析技术,能够全面、经济地快速检测某一物种特定组织或状态下的基因表达情况,准确、灵敏的捕捉到不同样品间差异表达的基因,能够检测出低丰度的表达基因,是鉴定差异表达基因的有效方法,该方法已经应用于各个物种的不同组织、器官等差异表达基因的研究及功能基因组研究等领域。近来又被广泛应用于包括各种疾病在内的临床医学研究等领域。转录基因组学是研究特定细胞在某一功能状态下所能转录出来的所有 RNA 的总和,包括 mRNA 和非编码 RNA。细胞中基因转录的动态精确而特异地反映其组织差异、发育阶段、健康状态及应激反应,数字化表达谱是从基因 mRNA 水平检测功能基因的转录组学研究的一项基础实验。蛋白质组学以其高通量优势为探寻基因功能的奥秘提供了一种新的思路和研究手段。它以基因组编码的全部蛋白质为研究对象,从细胞水平及整体水平层面研究蛋白质的组成及动态变化规律,识别执行关键生命功能的蛋白质及修饰复合物,并分析相应基因调控网络的特征,不同生理和病理过程中蛋白质的表达差异等,从而深入认识有机体的各种生理和病理过程。在蛋白质组学研究中,同位素标记相对和绝对定量(iTRAQ)技术是近年来最新开发的一种新的蛋白质组学定量研究技术,具有较好的定量效果、较高的重复性,并可对多达四种不同样本同时进行定量分析。通过比较感染和未感染病毒宿主细胞蛋白质组不同蛋白的表达丰度,得到差异表达蛋白谱,根据差异表达蛋白的细胞功能分析,以期获得病毒感染与致病相关的数据信息。目前该技术已经成功用于 HIV、非洲猪瘟、西尼罗河病毒等重要病原微生物的致病和免疫机理的研究。

有鉴于此,本研究在我们已有的研究工作基础上,一方面从病原角度,对鸡源、鸭源 NDV 的生物学特征进行分析研究,旨在了解病毒背景;另一方面从宿主角度,以鸡胚成纤维细胞系为模型,从 mRNA 角度研究鸡源、鸭源 NDV 感染宿主后,宿主细胞基因表达谱的差异；并进一步从比较蛋白组学的角度研究鸡源、鸭源 NDV 感染宿主后，病毒编码蛋白与宿主细胞蛋白之间的相互作用、宿主细胞蛋白表达谱的差异以及生物功能的改变。以期从以上两个方面解析鸡源、鸭源 NDV 致病性差异的分子机理，为展开 NDV 感染控制的药物设计和疫苗研究提供理论基础，具有重要的理论意义和潜在应用价值。

1.3　研究技术路线

1.3.1　鸡源、鸭源新城疫病毒的筛选

1.3.1.1　克隆纯化新城疫病毒

1.3.1.2　测序新城疫病毒 F 基因和 H 基因并分析

1.3.1.3　新城疫病毒致病性实验

1.3.2　数字化表达谱

1.3.2.1　病毒感染细胞总 RNA 的抽提

1.3.2.2　mRNA3'端标记

1.3.2.3　基于 Solexa／Illumina 系统的高通量测序

1.3.2.4　生物信息学分析感染细胞全基因表达谱差异

1.3.3　iTRAQ 比较蛋白质组学

1.3.3.1　病毒感染细胞总蛋白抽提

1.3.3.2　蛋白定量和 SDS 凝胶电泳分析

1.3.3.3　iTRAQ 蛋白质组学鉴定

1.3.3.4　生物信息学分析和差异表达点功能分析

第二章

鸡源NDV-GM和鸭源NDV-YC感染细胞后蛋白质组学研究

2.1 引言

鸡新城疫（Newcastle Disease，ND）是由新城疫病毒（Newcastle Disease Virus，NDV）引起的一种以呼吸道、消化道黏膜出血为典型病变的高度接触性、急性败血性禽类传染病，世界动物卫生组织（Office International Epizootis，OIE）将其与高致病性禽流感一起列为危害养禽业的法定报告动物传染病。NDV 属于副黏病毒科、副黏病毒亚科、腮腺炎病毒属，有囊膜的负链 RNA 病毒，由 15 186个核苷组成。主要编码 6 种结构蛋白质即脂蛋白（L 蛋白）、磷酸化蛋白（P 蛋白）、核蛋白（NP 蛋白）、融合蛋白（F 蛋白）、血凝素–神经氨酸酶（HN 蛋白）和膜蛋白（M 蛋白）。其中，F 蛋白和 HN 蛋白位于病毒脂质囊膜上形成纤突，与 I 型禽副黏病毒的毒力有关（Peeters et al.，1999）。F 糖蛋白主要介导病毒囊膜与宿主细胞膜之间的融合过程，它除了与病毒的毒力有关外，还具有良好的免疫原性。HN 糖蛋白主要负责病毒粒子与细胞受体的结合，它还通过促使 F 蛋白充分接近细胞，引起病毒囊膜与细胞膜融合而启动感染过程。NDV 强毒株 F0 蛋白裂解区域的氨基酸序列一般 112R/K-R-Q-K/R-R-F117，而弱毒株相应序列为 112G/E-K/R-Q-G/E-R-L117。裂解区域的氨基酸组成决定 F0 蛋白的裂解能力，碱性氨基酸越多，对各种蛋白酶越敏感，则越易被裂解，导致 NDV 毒力越强（Panda et al.，2004；Romer-Oberdorfer et al.，2006），HN 蛋白还与 NDV 的毒力有一定关系（Huang et al.，2004）。虽然 NDV 仅有 1 个血清型，但不同毒株生物学特性和毒力相差很大。通常根据毒力指标（MDT、ICPI、IVPI）NDV 毒力的强弱分为 3 种类型，即速发型（强毒株，Velogenic）、中发型（中毒力株，Mesogenic）和缓发型（弱毒株，Lentongenic）（de Leeuw et al.，2005）。

NDV 宿主范围在不断扩大。目前，部分水禽从天然储存宿主成为易感动物。在我国的养禽业中，鸡、鸭、鹅等家禽饲养密度高，混养现象普遍，不同禽类之间 NDV 的传播现象比较严重，鸭成为 ND 的感染宿主，在我国是近几年刚发生的，而且这种自然感染并引起鸭发病死亡。本研究将两种不同来源的 NDV：鸡源 NDV-GM 株和鸭源 NDV-

YC 株的 F 基因和 HN 基因序列进行了测定，对毒株的遗传进化和基因进行分析，旨在研究 2 株 NDV 的生物学特征，并对 2 株 NDV 对细胞，对鸡、鸭的致病性进行初步探索，探讨这 2 株 NDV 的毒力特点，为后续试验奠定基础。

2.2　材料与方法

2.2.1　材料

2.2.1.1　毒株、细胞和动物

NDV-GM、NDV-YC 从广东省发病的禽群中分离，由华南农业大兽医学院传染病教研室提供。

DF-1 细胞由华南农业大兽医学院传染病教研室提供。

9～11 日龄 SPF（Specific Pathogen Free）鸡胚由永顺生物制品有限公司提供；9～11 日龄非免疫鸡胚由佛山墟岗黄种鸡场提供；1 日龄 SPF 鸡由 SPF 鸡胚自主孵化并在新兽药创制重点实验室的 ABSL-3 中饲养；4 周龄 SPF 鸡购由北京梅里亚维通实验动物技术有限公司提供，15 日龄番鸭购自广东大华农动物保健品股份有限公司，15 日龄非免疫三水白鸭由佛山三水联科畜禽提供。

2.2.1.2　主要材料

鸡抗 NDV、H5、H9 亚型 AIV（Avian influenza virus，AIV）阳性血清由新兽药创制重点实验室提供。

生理盐水，1.0% 红细胞悬液，双抗，LB 液体培养基，含氨苄青霉素（100 μg/ml）的 LB 培养基，50×TAE，DEPC 处理水，氨苄青霉素，细胞培养血清，细胞培养 DMEM 营养液，PBS 液、营养琼脂糖、中性红、0.25% 胰酶（Sigma 公司）。

ExTaq DNA 聚合酶、野生型禽白血病病毒反转录酶（Reverse Transcriptase AMV）、随机引物（Random primers，20 pmol/μl）、RNA 酶抑制剂（Ribonuclease Inhibitor，Rnasin）、DNA marker DL2 000、6XloadingBuffer 以及 pMD18-T Vector 为宝生物工程（大连）有限公司产品。E. Z. N. A. Gel Extraction Kit（2 000）DNA 凝胶回收试剂盒为 OMEGA 公司产品。Trizol LS Reagen 为 Invitrogen 公司产品。为其他化学试剂均为国产分析纯产品。

大肠杆菌：基因工程菌 DH5α，由华南农业大学兽医学院传染病研究室保存。

玻璃器皿先用洗液浸泡 24h 以上，再用自来水和超纯水分别冲洗各两次，晾干，180 ℃干烤 8h 以上。

2.2.1.3 主要仪器

1ml、2.5ml 规格的一次性注射器，0.22 μm 微孔滤膜（Millipore 公司），生化培养箱（广东省医疗机械厂 LRH-250 II 型），高速冷冻离心机（美国 Beckman Allegra 64 型），T gradient PCR 仪（德国 Whatman Biometra 公司），MNO-II 型核酸扩增仪（Biometra 公司），GDS8000PC 凝胶成像及分析系统（英国 UVP 公司），DNA 微型凝胶电泳系统（BIO-RAD，USA），L8-M 冷冻离心机（美国 Beckman 公司），Rotina 35R 低温水平离心机（Hettich，德国），Elix100 纯净水装置（Millipore，USA），ABI Prism 7 500 型荧光定量 PCR 仪（美国 ABI 公司），CO_2 细胞培养箱（美国 Thermo Scientific Forma 公司），2 091 及 20 091 型 Gilson 移液器（法国 Gilson 公司）。

2.2.1.4 主要生物学软件

序列分析软件 Lasergene 7（version 7.00，包括 EditSeq，MegAlign，SeqBuilder 等软件）为 DNAstar 公司产品，Mega 4.0 为 Sudhir Kumar 等开发的分析软件。引物设计软件 Primer Premier（version 5.0）为 Premier Biosoft International 公司产品。

2.2.2 方法

2.2.2.1 病毒的分离纯化

将处理好的病料上清，接种 10~11 龄 SPF 鸡胚 5 枚，0.2ml/胚，置 37 ℃温箱中孵育。弃去 24h 内死亡胚，每 4h 照蛋 1 次，及时取出死亡鸡胚，置 4 ℃保存。至 120h，全部取出，无菌收获尿囊液，用血凝性试验（HA）和血凝交叉抑制（HI）试验对病毒进行鉴定，如第一代病毒尿囊液为阴性，则利用其尿囊液传代，直至第三代。如仍为阴性，弃去。HA 阳性的尿囊液收集后 −70℃保留。

将病毒进行鸡胚有限稀释法初步纯化后，接种原代鸡胚成纤维细胞（CEF）进行蚀斑克隆纯化（Harper，1989），收集病毒。

2.2.2.2 RT-PCR 方法扩增病毒的 F 基因和 HN 基因

（1）引物设计

依据 GenBank 上公布的 NDV 基因序列，针对 F 基因和 HN 基因核苷酸序列两端的保守区域运用 Oligo6.0 引物设计软件设计，由上海生物工程公司合成。引物序列如表 2-1 所示。

（2）病毒 RNA 提取和基因片段的扩增

取 250μl 含病毒的尿囊液，提取病毒全基因 RNA 按 Invitrogen 公司 Trizol LS 试剂说明书进行。用 6nt 随机引物进行反转录。RT-PCR 反应条件：94 ℃ 3min；94 ℃ 40s，53 ℃ 1min，72 ℃ 1min，29 个循环后 72 ℃ 延伸 10min。反应结束后，取 3μl PCR 产物在 1.0% 的琼脂糖凝胶（含 0.5 μg/ml EB）上电泳检测。

（3）基因片段的克隆转化和序列分析

取 PCR 产物在 1% 琼脂糖凝胶上电泳检查结果，切取与预期扩增片段大小一致的条带。按照 OMEGA 公司 E. Z. N. A. Gel Extraction Kit（2000）试剂盒说明书进行。PCR 回收产物与 pMD18-T 载体的连接，参照 TaKaRa 公司 pMD18-T Vector 的使用说明书进行。获得的连接产物转化 DH5α 感受态细胞。将可疑重组质粒的筛选和鉴定，每个样品挑取 2~3 个阳性克隆，送至上海英俊生物技术有限公司进行测序。

表 2 – 1　扩增 NDV 的 F 基因和 HN 基因引物序列

Table 2 – 1　Primers used for RT-PCR analysis of F and HN genes of NDV isolates

引物名称和序列（5'-3'） Name of primers and sequences（5'-3'）	位置（bp） Amplification range	片段大小（bp） Amplified fragment length
F1：GCCATTGCTAAATACAATC（GM） ACCATCACTAAATACAATC（YC）	4358-4377	1993
F2：GGCTCCTCTGACCGTTCTAC（GM） GGCTCCTCTGGCCGTTCTAC（YC）	6331-6350	
HN1：CCTCGATCAGATGAGAGC（GM） CCTAAATCAGATGAGGGC（YC）	6178-6195	2265
HN2：TGTGACTCTGGTAGGAT	8426-8442	

2. 2. 2. 3　F 基因和 HN 基因序列及进化树分析

测序片段经比对分析后进行拼接，利用 DNAstar（Version 7. 0）软件包中的 EditSeq 软件，从序列结果中截取位于 47~375 位的 F 基因片段用于基因分型分析，具体方法参照文献（Aldous et al.，2003），应用 DNAstar（Version 7. 0）软件包中的 MegAlign 软件分析其 F 基因裂解位点区 112~117 的氨基酸序列特征，分析 HN 基因糖基化位点（Li et al.，1998）。

用 Mega 4. 0 软件对测定的分离株 F 基因和 HN 基因编码区氨基酸序列与 GenBank 中有代表性的国内外 NDV 毒株相应序列进行同源性分析和遗传进化分析，使用 Neighbor-Joining 方法及 Clustal X 算法绘制出系统进化树，参考序列如表 2 – 2 所示。

表 2 – 2　GenBank 中有代表性的国内外 NDV 参考毒株

Table 2 – 2　NDV isolates from GenBank used as reference sequences

病毒 NDV isolates	基因型 Genotype	宿主 Host	序列号 Accession number	分离国家 country isolated
AF2240	VIII	—	AF048763	Malaysia
Argentian-97	VI	Pigeon	AY734536	Argentina
AUS-Victoria-32	III	—	M21881	Australia
B1 TakAA ki	II	Chicken	AF375823	American
B1-47	II	N	M24695	N
Belgium248VB	VI	Pigeon	EF026584	Belgium
Clone30	II	—	Y18898	American
Dove Italy	VI	—	AY562989	Italy
F48E9	IX	—	AY508514（F）	China
FJ-1-85	VII	chicken	FJ436304	China
FP1-02	VII	duck	FJ872531	China
GZ	VI	Pigeon	EF589137	China
Herts-33	IV	Chicken	AY741404	England
Italien	IV	—	M17710	China
Italy/1166/00	VI	Pigeon	AY288996	Italy
JS-1-97	IX	chicken	FJ436305	China
JSD0812	VII	duck	GQ849007	China
Lasota	II	Chicken	AY845400	China
Mukteswar	III	—	EF201805	N
NA-1	VII	—	DQ659677	China
PHY-MLV42	I	L	DQ097394	Hungary
Pigeon-1	VI	—	AJ880277	Hungary
Que-66	I	—	M24693	N
SD09	VII	duck	HQ317395	China
SDWF02	VII	duck	HM188399	China
SF02	VII	—	NC_ 005036	China
Ulster-67	I	Chicken	AY562991	Ireland
V4	I	Chicken	AF217084	Australia
Warwick	VI	—	Z12111	—
ZJ	VII	Goose	AF431744	China

2.2.2.4　病毒的生物学指标测定

（1）ICPI 测定

将分离株纯化前（多是野毒胚传第三代或更晚：相对稳定的毒株）或纯化后第一代尿囊液以灭菌生理盐水稀释 10 倍，脑内注射出壳后 24~26h 的 SPF 雏鸡 8 只，每只 0.05ml，同时设 5 只对照（脑内注射灭菌生理盐水 0.05ml），隔离饲养，观察 8d。记录正常、发病与死亡鸡的每日累计数，正常鸡积分为 0、发病为 1、死亡为 2，最后计算 ICPI，比较纯化前后 NDV 不同分离毒毒株的毒力变化。

ICPI =（8d 累计发病数 × 1 + 8d 累计死亡数 × 2）/8d 累计鸡只总数

强毒株 ≥ 1.6，中等毒力为 0.8~1.5，弱毒株为 0.0~0.5。最近文献报道，ICPI > 0.7 即被规定为强毒。

（2）IVPI 测定

将分离株纯化前后（同上）尿囊液以灭菌生理盐水稀释 10 倍，翅静脉接种 6 周龄 SPF 鸡 10 只，每只 0.1ml，同时设 5 只对照（静脉注射灭菌生理盐水 0.1ml），隔离饲养，观察 10d。记录正常、发病、麻痹与死亡鸡的每日累计数，正常鸡积分为 0、发病为 1、麻痹为 2、死亡为 3，最后计算 IVPI，比较纯化前后 NDV 不同分离毒毒株的毒力变化（Alexander et al.，1989）。

IVPI =（10d 累计发病数 × 1 + 10d 累计麻痹数 × 2 + 10d 累计死亡数 × 3）/10d 累计鸡只总数

强毒株 > 1，中等毒力为 0.0~0.8，弱毒株为 0.0。

（3）MDT 测定

将 NDV 分离株尿囊液以灭菌生理盐水分别稀释成 10^{-1}~10^{-9}，每个稀释度分别接种 9 日龄 SPF 鸡胚 10 枚，每胚 0.1ml，37 ℃继续孵化，弃去 24h 内的死胚，以后每天照蛋 4 次，记录胚胎死亡时间，取尿囊液测定 HA 效价。实验进行持续 7d，取全部致死鸡胚的最大稀释度的记录，按文献（Yoshimura et al.，1972）的方法计算病毒的 MDT。

（4）ELD50（50% egg lethal dose，鸡胚半数致死剂量）

取上述部分病毒尿囊液，用灭菌生理盐水分别 10 倍倍比稀释，取 10^{-6}~10^{-10} 5 个稀释度的病毒液接种 10 日龄 SPF 鸡胚，5 胚/稀释度，剂量为 0.2ml/胚。37℃温育，适时照胚，弃掉 24h 内死亡胚，取出 24h 后死亡胚，用 Reed-Muench 法计算鸡胚半数致死量（50% embryo lethal dose，ELD50）。

（5）TCID50（Tissue culture infective dose，组织培养半数感染剂量）

将各毒株用生理盐水进行 10 倍倍比稀释，取 10^{-6}~10^{-10} 5 个稀释度的病毒液接种铺满次代 CEF 细胞的 96 孔板，每个稀释度接种 5 孔，50μl/孔。37℃作用 1h，加细胞维持液，置 CO_2 培养箱内培养 7d，自 7d 后观察各孔细胞病变，并吸取各孔培养上清作血凝（HA）试验，有细胞病变或 HA 试验阳性孔判为有病毒感染，按 Reed-Muench 法计算各毒株的 TCID50（殷震等，1997）。TCID50 测定病毒稀释度，检测细胞对于病毒的敏感程度。

2. 2. 2. 5 NDV-GM 和 NDV-YC 细胞致病性实验

（1）病毒接种及病变观察

用含 100IU/ml 青霉素和链霉素的 PBS，将上述毒株分别作适当稀释，接种于培养皿（$3cm^2$）中已长成单层的 DF-1 细胞，每个毒株接种 10 个培养皿，每个培养皿接种量为 100 个 TCID50。分别于接种后 12h、18h 和 24h 观察细胞，以后则为每 12h 观察 1 次，分别观察记录细胞及单层的病变情况，有典型或严重病变的拍照。

（2）DF-1 培养上清 HA 效价的测定

分别于上述各时间段吸取相应毒株的 DF-1 培养上清，测定血凝（HA）效价，并总结两毒株 DF-1 上清 HA 效价变化的情况。

2. 2. 2. 6 NDV-GM 和 NDV-YC 动物致病性实验

（1）将新城疫和流感抗体为阴性的动物进行试验

选取 4 周龄 SPF 鸡分为 3 组，15 日龄的非免疫三水白鸭和番鸭分为 3 组，组别为 NDV-GM、NDV-YC、阴性对照，每组 9 只，隔离饲养。每只试验组动物滴鼻、点眼接种 1×10^8 个 ELD50 病毒尿囊液，阴性对照组接种同剂量的 PBS。接种后每天早晚观察 2 次，共观察 10d，记录试验 SPF 鸡、非免疫三水白鸭和番鸭的临床症状及发病死亡情况。

（2）三水白鸭感染后组织嗜性研究

于攻毒后 3d、5d 和 6d 分别随机选取每组两只三水白鸭进行病理剖解，记录剖解变化情况，濒死动物随时剖解，采集脾脏，胰腺，胸腺、法氏囊等器官种组织，取体积约为 $5mm^3$ 一小块为做病理切片以检测病理变化。

2.3 结果与分析

2.3.1 F 基因和 HN 基因片段的扩增

利用所设计合成的 2 对引物，分别以 NDV-GM 株和 NDV-YC 株基因组 cDNA 为模板，进行 RT-PCR 扩增，经电泳检测，结果显示各片段扩增长度分别为 1 993 bp 和 2 265bp。如图 2 - 1 所示。

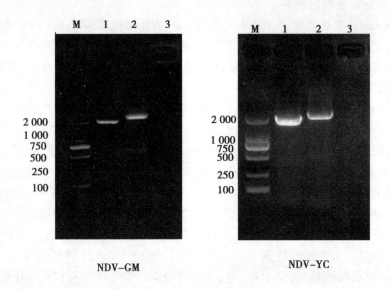

图 2 – 1 NDV 各基因片段 RT-PCR 扩增结果

Figure 2 – 1 The RT-PCR results of gene fragment of NDVstrain

M. DL2 000 DNA Marker；1 为 F 基因片段长度 1 993bp；2 为 HN 基因片段长度为 2 265bp；3 为阴性对照

M. DNA Marker DL2 000；1. The RT-PCR result of F gene：1 993bp；2. The RT-PCR result of HN gene：2 265bp；3. Negative control.

2.3.2 F 基因和 HN 基因序列分析和进化树分析

F 蛋白裂解位点氨基酸基序是 NDV 毒力的主要决定因素，所以，F 基因一直是研究 NDV 致病过程和分子流行病学调查的主要基因（Peeters et al. ，1999），另外，HN 蛋白亦与 NDV 的毒力有关、且与组织嗜性有关（Huang et al. ，2004）。

F 蛋白位于病毒的囊膜上，呈纤突状，是病毒感染细胞必需的重要成分。F 蛋白在病毒侵染过程中介导病毒与宿主细胞之间的细胞融合，F_0 蛋白裂解为两个亚单位 F_1 和 F_2 后，病毒才具有感染性和融合活性（Peeters et al. ，1999）。其中，决定 F 蛋白裂解活性高低的是 F_0 蛋白裂解位点（112 ~ 117aa）的氨基酸组成和序列。F 蛋白裂解位点是决定 NDV 毒力的主要因素之一。研究表明，NDV 强毒株在该区氨基酸序列有多个碱性氨基酸插入，能裂解蛋白的蛋白酶广泛存在于各种组织和器官中，导致全身性感染甚至致命，形成高致病力。强毒株裂解区域的氨基酸序列为 112R-R-Q-K/R-R-F117，弱毒株裂解区域的氨基酸序列为 112G-R/K-Q-G-R-L117。F 蛋白是位于 NDV 囊膜表面的糖蛋白，糖基化侧链的变化将直接影响其抗原性，因此，糖基化位点的变化是进行 F

蛋白变异分析的重要参数之一。

应用 Lasergene 7.0 软件对 NDV-GM 株和 NDV-YC 株和从 GenBank 选取的 33 株代表性毒株的 F 基因（47~420nt）进行比较，绘制了系统进化发生树（图 2-2）。从实验室分离株的基因型角度分析，F 基因系统进化树显示，NDV-GM 株属于基因Ⅶ型，NDV-YC 株属于基因Ⅸ型。

对 2 株新城疫毒株鸡源 NDV-GM 和鸭源 NDV-YC 进行 F 基因全长分析，研究结果（表 2-3）显示，F 基因全长均为 1 792bp，预计编码 553 个氨基酸，均含有保守的 6 个潜在糖基化位点，分别为 85NRT、191NNT、366NTS、447NIS、471NNS 和 541NNT。新城疫病毒 F 基因的糖基化位点中，除了在 191 位，强毒株为 NNT，弱毒株为 NKT 外，其余几个潜在的糖基化位点均高度保守。NDV-GM 株 F 蛋白裂解位点的序列为 RRQKRF，NDV-YC 株蛋白质裂解位点序列为 RRQRRF，有多个碱性氨基酸的插入，符合 NDV 强毒株的分子特征。NDV-GM 株的 F 蛋白分子量为 59.231 kDa，含有 44 个强碱氨基酸（K、R）、39 个强酸性氨基酸（D、E）、209 个疏水性氨基酸（A、I、L、F、W、V）、188 个极性氨基酸（N、C、Q、S、T、Y），等电点为 8.178，pH 值为 7.0 时的电荷为 15.730。NDV-YC 株的 F 蛋白分子量预测为 58.988 kDa，含有 40 个强碱氨基酸（K、R）、40 个强酸性氨基酸（D、E）、206 个疏水性氨基酸（A、I、L、F、W、V）和 195 个极性氨基酸（N、C、Q、S、T、Y），等电点为 6.932，pH 值为 7.0 时的电荷为 -0.129。

表 2-3 F 基因序列分析结果
Table 2-3 F gene analysed

病毒 virus strain	F gene glycosylation sites F 基因糖基化位点						Cleavage site of fusion protein112~117 F 蛋白裂解位点（112~117aa）
	85	191	366	447	471	542	
NDV-GM	NRT	NNT	NTS	NIS	NNS	NNT	RRQKRF
NDV-YC	NRT	NNT	NTS	NIS	NNS	NNT	RRQRRF

HN 蛋白是 NDV 囊膜表面较大的一种糖蛋白。HN 蛋白的糖基化直接影响其 NA 活性，据文献（McGinnes et al.，1997）报道，NDV 的 HN 蛋白氨基酸序列中，有 5 个糖基化位点（119、341、433、481、538/508）是高度保守的。不同的 NDV 毒株的 HN 基因长度均为 2002 nt。它兼有血凝素和神经氨酸酶两种活性（Scheid et al.，1974）。HN 蛋白的血凝素成分负责识别易感细胞的含唾液酸的受体并吸附上去，因此，HN 蛋白是决定病毒组织嗜性的重要因素。神经氨酸酶则有分解和破坏受体的能力，并促进新生的病毒粒子从感染的细胞膜上释放。此外，目前已经确定了 HN 蛋白中对细胞受体结合和促进融合作用起重要作用的位点为 E401、R416 和 Y526 位残基（Connaris et al.，2002；Iorio et al.，2001）。

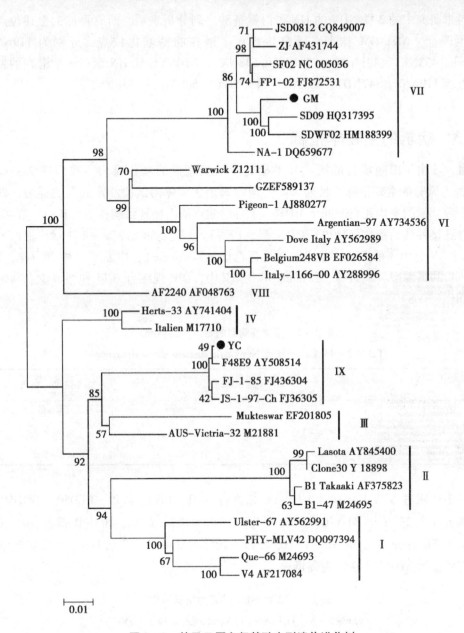

图 2－2　基于 F 蛋白氨基酸序列遗传进化树

Figure 2 － 2　Phylogenetic tree of animo acid sequence of F protein

The strains of the sequences derived in this study and those derived from GenBank are shown in Figure2 － 2. The tree was constructed with MEGA 4 using neighbor-joining Method with 1 000 replicates of bootstrap. Genotypes and subgenotypes are indicated on the right of the Figure.

对本研究中的 2 株 NDV 的 HN 蛋白氨基酸序列分析表明，所有毒株的上述位点均未发生改变，NDV-GM 株 HN 蛋白共有 6 个潜在的糖基化位点，分别为 119NNS、341NNT、433NKT、481NHT、508NIS 和 538NKT，NDV-YC 株 HN 蛋白 6 个潜在的糖基化位点为 119NNS、341NDT、433NKT、481NHT、508NIS 和 538NKT。

2.3.3 病毒的生物学指标

Ⅲ、Ⅰ由于田间流行的疾病并不能完全反映病毒的真正毒力，致病性试验成为 NDV 毒力区分的主要指标，目前国际上通常采用 3 项体内试验测定病毒的毒力，即鸡胚最小致死量的平均死亡时间（MDT）、1 日龄雏鸡脑内接种致病指数（ICPI）和 42 日龄鸡静脉接种致病指数（IVPI）（甘孟候，1999），判定标准如表 2－4 所示，根据上述指标，NDV 分为 3 种类型，即速发型（强毒株，Velogenic）、中发型（中毒力株，Mesogenic）和缓发型（弱毒株，Lentongenic）。其中，OIE 现综合 ICPI 和裂解位点判定毒力（OIE，2008）

表 2－4 新城疫病毒的毒力判定标准

Table 2－4 Criteria of Newcastle disease virus virulence

毒力指数 index	强毒力株 velogenic	中等毒力株 mesogenic	低毒力株 lentogenic
MDT（h）	40～60	60～90	>90
ICPI	1.6～2.5	1.2～1.6	0.0～1.2
IVPI	>2	1.0～2.0	0.0～1.0

对 2 株病毒 NDV-GM 株和 NDV-YC 株进行 MDT、ICPI、IVPI、ELD50、TCID50 进行了测定（表 2－5），NDV-GM 株分别为 70.4h、1.78、2.68、$10^{8.5}$/0.2ml、$10^{8.4}$/0.1ml；NDV-YC 株分别为 58.5h、1.93、1.77、$10^{8.5}$/0.2ml，$10^{9.3}$/0.1ml，综合实验结果 NDV-GM 株和 NDV-YC 株均为强毒株。

表 2－5 2 株 NDV 的毒力指标测定

Table 2－5 The index of virulence of two NDVs

病毒 Virus strain	基因型 Genotype	MDT （h）	ICPI	IVPI	ELD50/ 0.2ml	TCID50/ 0.1ml
NDV-GM	Ⅶ	70.4	1.78	2.68	$10^{8.5}$	$10^{8.4}$
NDV-YC	Ⅸ	58.5	1.93	1.77	$10^{8.5}$	$10^{9.3}$

2.3.4 病毒的细胞致病性实验结果

测定病毒的 TCID50 后，以 100TCID50 接种 DF-1 单层细胞。NDV-GM 株接种 DF-1 细胞后 22h 即可出现病变，而 NDV-YC 株最早出现病变的时间为接种后 24h，最初病变表现为少数细胞变圆皱缩，此时单层细胞形态完整，随后病变逐渐严重直至单层细胞完全被破坏。细胞出现病变的时间及单层细胞被完全破坏时间因毒株和感染的细胞有关，各种病毒致单层细胞完全破坏的时间最短为 60h，时间最长的为 96h（表 2 - 6）。两种病毒接种细胞后均可观察到合胞体细胞，鸡源毒株 NDV-GM 株接种细胞后出现合胞体，较大，鸭源毒株 NDV-YC 株接种细胞后出现合胞体数较多且小，如图 2 - 3 所示。

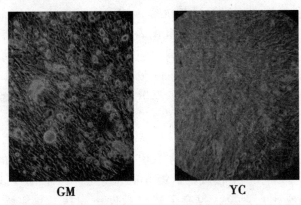

GM   YC

图 2 - 3　DF - 1 感染 NDV - GM 和 NDV - YC 后 DF - 1 细胞病变

Figure 2 - 3　Morphological CPE of DF-1 cell
infected with the NDV-GM and NDV-YC

2 株病毒接种 DF-1 细胞的培养上清中，NDV-GM 株最早于 22h 检测到 HA 阳性，NDV-YC 株最早于接种后 24h 检测到 HA 阳性；两毒株接种后细胞上清 HA 效价的达峰值时间相似，接种后 70h 左右达到峰值，NDV-GM 株在接种后 60h 细胞培养物上清中的 HA 效价达到最高，峰值达到 5log2。NDV-YC 株在接种后 70h 达到峰值，峰值为 6log2，结果如表 2 - 6 所示。

表 2 - 6　2 株 NDV 对 DF - 1 细胞致病力

Tanle 2 - 6　The virulence of two NDVs to DF - 1 Cells

病毒 Virus	开始病变时间（h） CPE start time（h）	完全破坏时间（h） Complete destruction of time（h）	HA 达高峰时间 HA peak time（h）	让清液最高效价 HA peak titer
NDV-GM	22	80 ~ 96	60 ~ 84	5
NDV-YC	24	84 ~ 144	70 ~ 96	6

在细胞致病性试验中，两毒株接种物上清 HA 效价的峰值及达峰时间相差不大，HA 效价与病毒的宿主来源无显著关系。本研究中，鸭源 NDV-YC 株比鸡源 NDV-GM 株 HA 峰值高 1 个滴度。鸭源 NDV-YC 株具有比鸡源 NDV-GM 株合胞体数较多，可能由于有更强的细胞融合能力。

2.3.5 病毒的体外动物致病性实验结果

4 周龄 SPF 鸡攻毒实验中，NDV-GM 试验组于接种后 24h 左右，表现出明显的发病症状，NDV-YC 组于接种后 60h 左右表现出明显的发病症状；15 日龄非免疫番鸭攻毒后，NDV-GM 组于接种后第 5 d 左右表现出明显的发病症状，NDV-YC 组于接种后第 4d 左右表现出现轻微精神沉郁，呼吸困难症状；15 日龄非免疫三水白鸭于接种后 40h，NDV-GM、NDV-YC 组仅表现出轻微的精神状态不佳。发病动物的临床表现主要有：发病初期粪便呈黄白色或黄绿色或水样稀粪，后期为墨绿色黏性稀粪；眼睑发炎、眼睛半睁半闭，呼吸困难、咳嗽；大部分表现出翅膀悬垂或向两侧分开，两脚麻痹、不能站立、呈劈叉姿势，并伴有阵发性痉挛瘫痪、转圈或震颤等神经症状。NDV-GM、NDV-YC 试验组的 4 周龄 SPF 鸡均出现死亡，NDV-GM 组死亡高峰期集中在攻毒后第 3 ~ 5d，NDV-YC 试验组死亡高峰期集中在攻毒后第 4 ~ 5d，两组动物死亡率均为 100%；NDV-GM 试验组的 15 日龄非免疫番鸭均出现死亡，NDV-GM 组在攻毒后第 6 d 出现死亡，而 NDV-YC 试验组观察至攻毒后第 12d 未出现死亡现象，仅有上述轻微发病症状。其实验动物死亡情况分布如图 2-4 和图 2-5 所示。

接种后 40h 左右，NDV-GM，NDV-YC 试验组的三水白鸭表现轻微发病症状，之后几天无明显发病症状；将上述采集的组织病料用 10% 的福尔马林固定，按常规制作石蜡组织切片，HE 染色，光学显微镜观察病理组织学变化。非免疫三水白鸭各种组织器官均有组织损伤，主要见于消化系统和免疫系统，出现病变的比例和严重程度都不高，对照非免疫三水白鸭未见异常变化。NDV-GM、NDV-YC 试验组的组织发生损伤最广泛，主要组织学变化为：脾血管壁肿胀，动脉周围淋巴鞘淋巴细胞数量减少；胸腺髓质胸腺小体结构破坏萎缩、皮质区淋巴细胞排列疏松；法氏囊淋巴小结面积减小，充血明显；胰腺广泛性的充血、出血。具体组织病变详见图 2-6（A）、（B）、（C）和（D）所示。

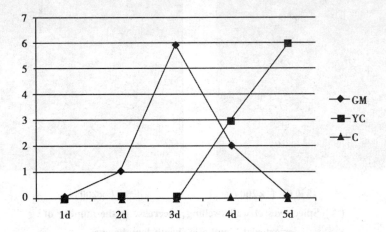

图 2 – 4　4 周龄 SPF 鸡感染 NDV – GM 和 NDV – YC 后的死亡情况

Figure 2 – 4　The death of 4 w SPF chickens infected with
NDV-GM and of NDV-YC

图中横坐标代表攻毒后天数，纵坐标代表死亡实验动物数

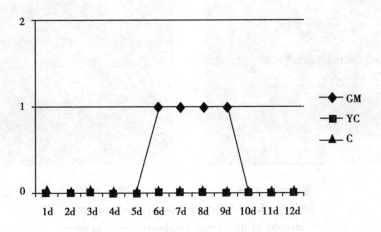

图 2 – 5　15 日龄非免疫番鸭感染 NDV – GM 和 NDV – YC 后的死亡情况

Figure 2 – 5　The death of 15 d non-immune ducks infected
with NDV-GM and of NDV-YC

图中横坐标代表攻毒后天数，纵坐标代表死亡实验动物数

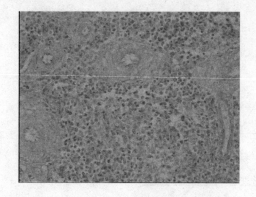 

感染组（×200）   正常（×200）

（A）Spleen vessel wall swelling, decrease in the number of
periarterial lymphatic sheath lymphocytes

（A）脾脏血管壁肿胀，动脉周围淋巴鞘淋巴细胞减少

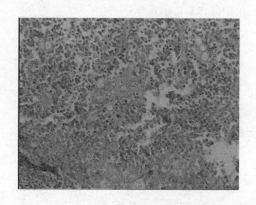 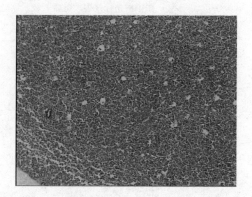

感染组（×200）   正常（×200）

（B）thymic medullary thymic structure damage,
atrophy of the cortex lymphocytes were loose

（B）胸脉髓质胸腺小体结构破坏萎缩，皮质区淋巴细胞排列疏松

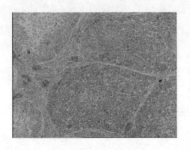
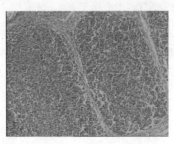

（C）bursal lymphoid nodule area is reduced,
congestion significantly

（C）法氏囊淋巴小结面积减少，充血明显

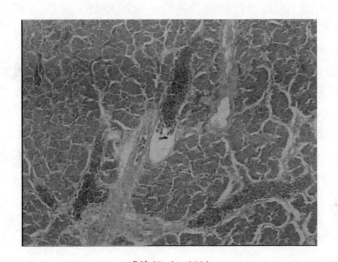

感染组（×200）

（D）pancreas extensive hyperemia, hemorrhage

（D）胰腺广泛性充血、出血

图 2 –6　鸭感染后组织病理切片

Figure 2 –6　The histopathology of duck

2.4　小结

第一，对鸡源 NDV-GM 株和鸭源 NDV-YC 株 2 株新城疫病毒进行 F 基因和 HN 基因的全长测序分析，研究结果显示，F 基因全长均为 1 792bp，预计编码 553 个氨基酸组成的 F 蛋白，均含有保守的 6 个潜在糖基化位点（分别在 85、191、366、447、471、541 位残基处)，其中，NDV-GM 株 F 蛋白裂解位点的序列为 RRQKRF，NDV-YC 株蛋白质裂解位点序列为 RRQRRF，有多个碱性氨基酸的插入，符合 NDV 强毒株的分子特征。F 基因系统进化树显示，NDV-GM 株属于基因Ⅶ型，NDV-YC 株属于基因Ⅸ型。GM 株和 YC 株的 HN 蛋白长度均为 571 个氨基酸，均含有 5 个相对保守的潜在糖基化位点。

第二，对 NDV-GM 株和 NDV-YC 株 2 株病毒进行 MDT、ICPI、IVPI、ELD50、TCID50 进行了测定，NDV-GM 株生物学特性指数分别为 70.4h、1.78、2.68、$10^{8.5}$/0.2ml，$10^{8.4}$/0.1ml；NDV-YC 株指数分别为 58.5h、1.93、1.77、$10^{8.5}$/0.2ml，$10^{9.3}$/0.1ml，检测结果表明该 2 株毒株均为强毒株。

第三，将 NDV-GM 株和 NDV-YC 株 100TCID50 感染 DF-1 细胞，NDV-GM 株接种 DF-1 细胞后 22h 即可出现病变，而 NDV-YC 株最早出现病变的时间为接种后 24h，两毒株接种后细胞上清 HA 效价的峰值及达峰的时间相似，接种后 70h 左右达到峰值，NDV-GM 株在接种后 60h 细胞培养物上清中的 HA 效价达到峰值 5log2。NDV-YC 株在接种后 70h 达到峰值 6log2。

第四，将 NDV-GM 株和 NDV-YC 株对 4 周龄 SPF 鸡、15 日龄非免疫番鸭和非免疫三水白鸭进行滴鼻、点眼感染，对 4 周龄 SPF 鸡致病性试验显示攻毒组死亡率均为 100%；对 15 日龄非免疫番鸭致病结果显示，NDV-GM 株实验组有死亡现象，而 NDV-YC 试验组只有轻微发病症状，未见死亡；NDV-GM 株和 NDV-YC 株对 15 日龄非免疫三水白鸭感染后，有轻微症状但均无死亡，在感染后第 3d、5d、7d 采集脾、胸腺和胰腺等脏器制备病理学切片，结果显示有出血、淤血等病理变化。

第三章

鸡源NDV-GM和鸭源NDV-YC感染 DF-1细胞后的数字化表达谱分析

3.1　引言

新城疫病毒可以在原代和传代细胞上增殖，包括成原代鸡胚纤维细胞（chicken embryo fibroblasts，CEF）或者传代鸡成纤维细胞（DF-1），并产生细胞病变（cytopathic effect，CPE）。近年来的研究发现 NDV 感染后，除了导致组织损伤、细胞病变、细胞融合外，还能诱导宿主细胞凋亡（Lam，1995）。基因表达谱（gene expression profile）：指通过构建处于某一特定状态下的细胞或组织的非偏性 cDNA 文库，大规模 cDNA 测序，收集 cDNA 序列片段、定性、定量分析其 mRNA 群体组成，从而描绘该特定细胞或组织在特定状态下的基因表达种类和丰度信息，这样编制成的数据表就称为基因表达谱。NDV 感染人肿瘤细胞后引起干扰素及细胞因子上调，导致肿瘤细胞凋亡（Sinkovics et al.，1995），1995 年，有人将 NDV 与鼠细小病毒重组用来治疗恶性黑色素瘤，有效地减少了手术后的复发率，这为利用病毒来诱导肿瘤细胞凋亡治疗癌症的设想提供了实例（Washburn et al.，2002）。NDV 感染细胞后能通过干扰素和 TNF 途径诱导细胞凋亡。目前报道显示原癌基因与抑癌基因参与细胞凋亡调控，例如，p53、c-myc、bcl-2 等（Suarez et al.，1996）。有关基因表达谱及其信号转导的研究是近几年来的热点。宿主细胞基因组信息的改变，这样既可以了解宿主为抵抗感染所进行的非特异应激反应，也可以探究其针对病毒的特异防御机制，能够获得非常有价值的结果。

数字化表达谱技术（Digital Gene Expression Tag Profile，DGE）利用 2007 年后兴起的新一代高通量测序技术和高性能计算分析技术，能够全面、经济地快速检测某一物种特定组织或状态下的基因表达情况，准确、灵敏的捕捉到不同样品间差异表达的基因，能够检测出低丰度的表达基因，是鉴定差异表达基因的有效方法，可以直接对任何物种包括未知基因在内的全基因组表达谱分析，从而对基因、基因表达水平、以及样品间基因表达差异等进行研究。该方法已经广泛应用于基础科学研究、农业科学、医学研究、医学研究上，筛选组织或器官中影响生长、致病过程相关的基因，进行功能基因组研究。与传统芯片杂交的基因表达谱相比，DGE 很好地解决了以上背景信号、交叉干扰和数据更新等问题。利用高通量测序能够得到数百万个基因的特异标签，而数字的序列信号可以准确、特异地反映对应基因的真实表达情况。这种技术甚至可以精确地检测低至一两个拷贝的稀有转录本（rare transcripts），并精确定量高达 10 万个拷贝的转录本的表达量变化。由于序列无须事先设计，DGE 数据具有极佳的实时性，可以充分利用当前爆发式增长的信息资源，并与未来相衔接，DGE 可以检测到许多未曾注释的基因和基因组部位，为新基因的发现提供了良好的线索。这一技术可以进让科学家更加全面、准确地把握全基因组的基因表达情况。

本研究通过高通量测序 NDV-GM、NDV-YC 感染的 DF-1 细胞与空白 C 细胞 3 个样品，我们获得大量的 Reads，比较测得基因有变化，差异表达基因定义为 FDR ≤ 0.001 且倍数差异在 2 倍及以上的基因。空白 C 与 NDV-GM 感染组相比，有 2 435 个差异基因，空白 C 与 NDV-YC 感染组相比有 1 922 个差异基因，另外进行 GO 和 Pathway 分析，从 mRNA 水平获得各基因的表达量及其变化，为我们调控新城疫致病过程中各基因的作用奠定基础。

3.2 材料与方法

3.2.1 材料

3.2.1.1 病毒、细胞和酶

鸡源 NDV-GM、鸭源 NDV-GM 广东省发病的禽群中分离，由华南农业大兽医学院传染病教研室提供。

DF-1 细胞由华南农业大兽医学院传染病教研室提供。

酶 NlaIII、MmeI。

3.2.1.2 试剂

TRIzol 试剂（Invitrogen 公司），细胞培养血清，细胞培养 DMEM 营养液，PBS 液、营养琼脂糖、0.25% 胰酶（Sigma 公司），Illumina Gene Expression Sample Prep Kit 和 Solexa 测序芯片（flowcell）。

3.2.1.3 仪器、设备和软件

Illumina Cluster Station 和 Illumina HiSeq™ 2000 系统（Illumina），Agilent 2100 Bio-analyzer（Agilent），ABI Prism 7500 型荧光定量 PCR 仪（美国 ABI 公司），CO_2 细胞培养箱（美国 Thermo Scientific Forma 公司）。

KEGG-pathway（http：//genome. jp/kegg/pathway. html）。

3.2.2　方法

3.2.2.1　样品的收集

①将 DF-1 细胞用直径为 10cm 细胞平皿培养，当细胞生长密度为单层 80% ～90% 时，将病毒 DNV-GM、NDV-YC 以 100TCID50 滴度接种于细胞，并设立阴性对照组，培养 70h 时收集细胞（第二章中测得的细胞上清液 HA 效价最高时）。

②感染 DF-1 细胞去除培养液，按每直径为 10cm 细胞平皿培养面积加 3ml TRIzol 试剂的比例加入 TRIzol 试剂；用 1ml 枪头反复吹打，使 TRIzol 接触所有长有细胞的培养瓶表面进行充分消化。

④转移到 RNase-free 的试管中用一次性注射器进行反复吹打细胞直至看不见成团的细胞块，整个溶液应该为清亮而且不黏稠的状态；一部分放入干冰或 －80℃ 冰箱中保存，一部分抽提细胞总 RNA。

将 3 次制备的样品混合用于数字化表达谱测序。

3.2.2.2　样品总 RNA 质量检测

抽取细胞总 RNA，用于创建 DGE 文库，其质量要求如表 3－1 所示。

表 3－1　样品总 RNA 质量标准
Table 3－1　Quality standards of total RNA

RNA 总量	检测浓度（ng/μl）	RIN	28S：18S
≥4μg	≥80	≥7.0	≥1.0

3.2.2.3　测序样品制备

具体实验流程如图 3－2 和图 3－3 所示。类似 SAGE 技术。首先从每个 mRNA 的 3'端酶切（图 3－1）得到一段 21bp 的 TAG 片段（特异性标记该基因）；然后通过高通量测序，得到大量的 TAG 序列；在 TAG 片段两端连接上用于测序的接头引物；上机测序；通过高通量测序每个样品可以得到至少 250 万条 TAG 序列。

3.2.2.4　信息分析流程

（1）去除杂质数据

原始序列带有一段 3'adaptor 序列，并且含有少量低质量序列以及各种杂质成分。经过一系列数据处理，得到 Clean Tag。

内切酶 Endonuclease	NlaIII	DpnII	MmeI
识别位点 Recognition sites	5′ ...CATG▾3′ 3′ ...CTAC▴5′	5′ ▾GATC...3′ 3′ ...CTAG▴5′	5′ ...TCCRAC（N）$_{20}$▾...3′ 3′ ...AGGYTG（N）$_{18}$▴...5′

图 3-1　样品制备中可能选用的几种内切酶在 cDNA 上的识别位点

Figure 3-1　Recognition sites of several Endonuclease on

cDNA in sample preparation

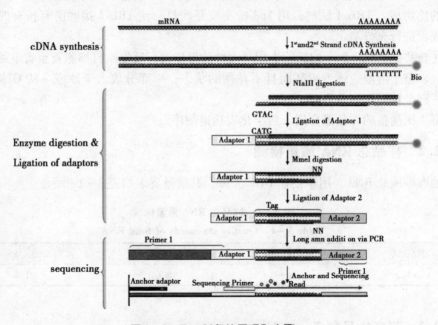

图 3-2　Tag 制备的原理和步骤

Figure 3-2　Principle and procedure of Tag preparation

　　数据处理的步骤：去除 3′adaptor 序列：由于 Tag 只有 21 nt 而测序 read 长度为 49nt，原始 read 上带有一段 3′adaptor 序列；去除空载 reads（只含 3′adaptor 而找不到 Tag 序列的 reads）；去除低质量 Tag（含有未知碱基 N 的 tag）；去除长度过小过大的 Tag，取长度为 21 nt 的 Tag；去除拷贝数为 1 的 Tag（可能是测序错误）；获得 Clean Tag（原始序列数据经过去除杂质后得到的数据）。

　　（2）测序饱和度分析

　　饱和度分析检验随着测序量（标签数量，Total Tag Number）的增加，检测到的基因是否随之上升。

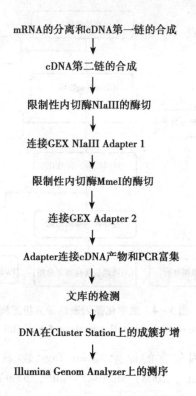

图 3－3　数字化基因表达谱流程

Figure 3－3　Experimental process of

digital gene expression profile

（3）Clean tag 拷贝数分布统计

不均一性是细胞 mRNA 表达的显著特征，少量种类 mRNA 表达丰度极高，而大部分种类 mRNA 表达水平很低甚至极低。Clean Tags 数据中，Tags 的拷贝数反映了相应基因的表达量，其分布统计可以从整体上评估数据是否正常。

（4）基因表达注释

首先，我们去除病毒本身的基因后，将片段对应到以下数据库 ftp：// ftp. ncbi. nih. gov/genomes/Gallus＿　gallus/RNA/rna. fa. gz，ftp：//ftp. ncbi. nih. gov/genomes/Gallus＿ gallus/Assembled＿ chromosomes，利用软件检索 mRNA 上所有的 CATG 位点，生成 CATG＋17nt 碱基的参考标签数据库。然后将全部 Clean Tag 与参考标签数据库比对，允许最多一个碱基错配，对其中唯一比对到一个基因的标签（Unambiguous Tags）进行基因注释，统计每个基因对应的原始 Clean Tag 数，然后对原始 Clean Tag 数做标准化处理，获得标准化的基因表达量，从而更准确、科学地衡量基因的表达水平。

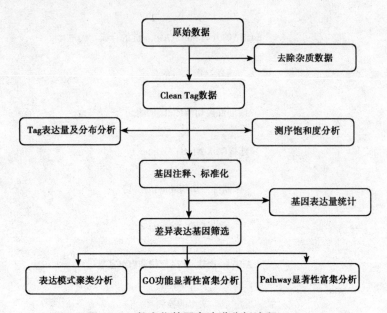

图 3 – 4　数字化基因表达谱分析流程

Figure 3 – 4　Procedure of bioinformatics analysis for digital gene espression profiling

标准化方法为：每个基因包含的原始 Clean Tags 数/该样本中总 clean Tags 数 × 1 000 000（AC. T Hoen et al., 2008；Morrissy et al., 2009）。

（5）差异表达基因的筛选

参照 Audic S. 等人发表在 Genome Research 上的数字化基因表达谱差异基因检测方法（Audic et al., 1997），我们开发了严格的算法筛选两样本间的差异表达基因（图 3 – 4）。

假设观测到基因 A 对应的 clean tag 数为 x，已知在一个大文库中，每个基因的表达量只占所有基因表达量的一小部分，在这种情况下，$p(x)$ 的分布服从泊松分布：

$$p(x) = \frac{e^{-\lambda}\lambda^{x}}{x!} (\lambda \text{ 为基因 A 的真实转录数})$$

已知，样本一总 clean tag 数为 N_1，样本二的总 clean tag 数为 N_2，基因 A 在样本一中对应的 clean 数为 x，在样本二中对应的 clean 数为 y，则基因 A 在两样本中表达量相等的概率可由以下公式计算：

$$2\sum_{i=0}^{t-y} p(i \mid x)$$

$$\text{或} 2 \times \left[1 - \sum_{i=0}^{t-y} p(i \mid x) \right] \quad \left[\text{如果} \sum_{i=0}^{t-y} p(i \mid x) > 0.5 \right]$$

$$p(y \mid x) = \left(\frac{N_2}{N_1} \right)^{y} \frac{(x+y)!}{x!y!(1+\frac{N_2}{N_1})^{(x+y+1)}}$$

　　然后，我们对差异检验的 p value 作多重假设检验校正，通过控制 FDR（False Dis-covery Rate）来决定 P Value 的域值。假设挑选了 R 个差异表达基因，其中，S 个是真正有差异表达的基因，另外，V 个是其实没有差异表达的基因，为假阳性结果。希望错误比例 Q = V/R 平均而言不能超过某个可以容忍的值（比如 1%），则在统计时预先设定 FDR 不能超过 0.01（Benjamini et al., 2001）。在我们的分析中，差异表达基因定义为 FDR≤0.001 且倍数差异在 2 倍及以上的基因。

　　（6）差异基因表达模式聚类分析

　　表达模式相似的基因通常具有相似的功能。我们利用 cluster 软件（Eisen et al.，1998），以欧氏距离为距离距阵计算公式，对差异表达基因和实验条件同时进行等级聚类分析，聚类结果用 Java Treeview 显示（Saldanha, 2004）。

　　（7）Gene Ontology 功能显著性富集分

　　Gene Ontology（简称 GO）是一个国际标准化的基因功能分类体系，提供了一套动态更新的标准词汇表（controlled vocabulary）来全面描述生物体中基因和基因产物的属性。GO 总共有 3 个 ontology（本体），分别描述基因的分子功能（molecular function）、所处的细胞位置（cellular component）、参与的生物过程（biological process）。GO 的基本单位是 term（词条、节点），每个 term 都对应一个属性。

　　GO 功能显著性富集分析首先把所有差异表达基因向 Gene Ontology 数据库（http://www.geneontology.org/）的各 term 映射，计算每个 term 的基因数目，然后应用超几何检验，找出与整个基因组背景相比，在差异表达基因中显著富集的 GO 条目，其计算公式为

$$P = 1 - \sum_{i=0}^{m-1} \frac{\binom{M}{i}\binom{N-M}{n-i}}{\binom{N}{n}}$$

　　其中，N 为基因组中具有 GO 注释的基因数目；n 为 N 中差异表达基因的数目；M 为基因组中注释为某特定 GO term 的基因数目；m 为注释为某特定 GO term 的差异表达基因数目。计算得到的 pvalue 通过 Bonferroni 校正之后，以 corrected-pvalue≤0.05 为阈值，满足此条件的 GO term 定义为在差异表达基因中显著富集的 GO term。通过 GO 功能显著性富集分析能确定差异表达基因行使的主要生物学功能。

　　我们的 GO 功能分析同时整合了表达模式聚类分析，研究人员能方便地看到具有某一功能的所有差异基因的表达模式。

　　（8）Pathway 显著性富集分析

　　在生物体内，不同基因相互协调行使其生物学，基于 Pathway 的分析有助于更进一步了解基因的生物学功能。KEGG 是有关 Pathway 的主要公共数据库（Kanehisa et al.，2004），Pathway 显著性富集分析以 KEGG Pathway 为单位，应用超几何检验，找出与整个基因组背景相比，在差异表达基因中显著性富集的 Pathway。该分析的计算公式同

GO 功能显著性富集分析，在这里 N 为芯片中具有 Pathway 注释的基因数目；n 为 N 中差异表达基因的数目；M 为芯片中注释为某特定 Pathway 的基因数目；m 为注释为某特定 Pathway 的差异表达基因数目。Qvalue≤0.05 的 Pathway 定义为在差异表达基因中显著富集的 Pathway。通过 Pathway 显著性富集能确定差异表达基因参与的最主要生化代谢途径和信号转导途径。

3.3　结果与分析

3.3.1　样品检测

提取的细胞样品 RNA，将样品在冰上融化后，离心并充分混匀，取 1μl 样品用 DEPC 水按比例稀释后，70 ℃变性 2min，进行 Agilent 2 100检测，检测图谱如图 3 – 5 (a)、(b) 和（c）所示。检测结果为：

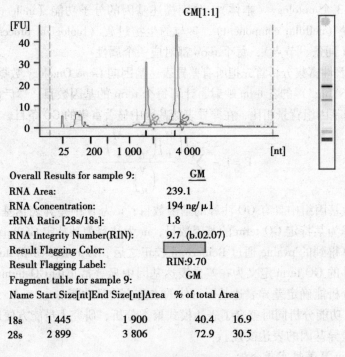

Overall Results for sample 9:	**GM**		
RNA Area:	239.1		
RNA Concentration:	194 ng/μl		
rRNA Ratio [28s/18s]:	1.8		
RNA Integrity Number(RIN):	9.7　(b.02.07)		
Result Flagging Color:			
Result Flagging Label:	RIN:9.70		
Fragment table for sample 9:	**GM**		

Name	Start Size[nt]	End Size[nt]	Area	% of total Area
18s	1 445	1 900	40.4	16.9
28s	2 899	3 806	72.9	30.5

(a) GM 感染细胞样品

(a) The cell samples of GM infected

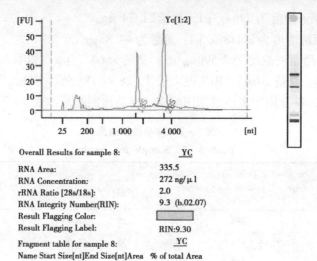

Overall Results for sample 8:　　　　　　YC

RNA Area:　　　　　　　　　335.5
RNA Concentration:　　　　　272 ng/μl
rRNA Ratio [28s/18s]:　　　　 2.0
RNA Integrity Number(RIN):　 9.3 (b.02.07)
Result Flagging Color:
Result Flagging Label:　　　　RIN:9.30

Fragment table for sample 8:　　　　　　YC

Name	Start Size[nt]	End Size[nt]	Area	% of total Area	
18s	1 402	1 892	50.6	15.1	
28s	2 883	4 097	100.3	29.9	

（b）YC 感染细胞样品

（b）The cell samples of YC infected

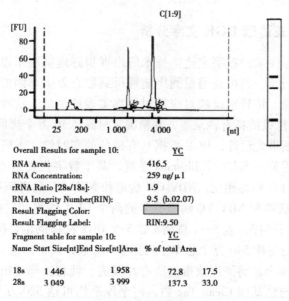

Overall Results for sample 10:　　　　　 YC

RNA Area:　　　　　　　　　416.5
RNA Concentration:　　　　　259 ng/μl
rRNA Ratio [28s/18s]:　　　　 1.9
RNA Integrity Number(RIN):　 9.5 (b.02.07)
Result Flagging Color:
Result Flagging Label:　　　　RIN:9.50

Fragment table for sample 10:　　　　　 YC

Name	Start Size[nt]	End Size[nt]	Area	% of total Area	
18s	1 446	1 958	72.8	17.5	
28s	3 049	3 999	137.3	33.0	

（c）空白细胞样品

（c）The cell samples of GM infected

图 3 - 5　（a）、（b）和（c）细胞样品总 RNA Agilent 2 100
检测图谱

Figure 3 - 5　（a）、（b）and（c）Map of sample
Agilent 2 100 detection

①GM 样品原液浓度为 776ng/μl，总量 21.34 μg。

②YC 样品原液浓度为 2 448ng/μl，总量为 44.88μg。

③空白 C 样品原液浓度为 2 590ng/μl，总量为 64.75μg，如图 3-6 所示。3 个样品浓度≥80ng/μl，总量≥6μg，RIN 值大于 7，28S∶18S 值大于 1，样品完整性好、纯度高、总量足够，符合用于表达谱测序标准。样品检测结果如表 3-2 所示。

表 3-2 样品检测结果
Table 3-2 Sample test results

Name	Diluted times (×)	Sample volume (μl)	Detection concentration (ng/μl)	Original concentration (ng/μl)	Volume (μl)	Total (μg)	RIN	28S∶18S	Conclusion
GM	2	1	388	776	55	21.34	9.7	1.8	Qualified
YC	3	1	816	2 448	55	44.88	9.3	2	Qualified
C	10	1	259	2 590	25	64.75	9.5	1.9	Qualified

3.3.2 生物信息学分析

3.3.2.1 数字化表达谱 DGE 文库分析

基于第二代测序技术的数字表达谱技术的出现很好地解决了以上背景信号、交叉干扰和数据更新等问题。利用高通量测序能够得到数百万个基因的特异标签，而数字的序列信号可以准确、特异地反映对应基因的真实表达情况。这种技术甚至可以精确地检测低至 1~2 个拷贝的稀有转录本，并精确定量高达 10 万个拷贝的转录本的表达量变化。由于序列无须事先设计，DGE 数据具有极佳的实时性。本研究对 3 个样品表达谱进行了分析，利用公司 Solexa / Illumina 系统，基于数字化表达谱测序测定 Tag 数的方法，以探讨与空白 C 病毒相比，NDV-GM 病毒和 NDV-YC 病毒调控宿主细胞的反应。我们抽提 NDV-GM 病毒和 NDV-YC 病毒感染的两个 DF-1 细胞和空白 C 的 DF-1 细胞 3 个样品总 RNA，进行测序，表 3-3 总结了这 3 个 DGE 文库的主要特征。将 3 个样品平行上样测序得到平均每库 540 万个总库序列标签 Tag 数，其中，包括差异基因序列标签 Tag 数平均为 274 108 个。将测序获得的所有片段进行纯化，筛选出的标签中低质量且标签拷贝数等于 1 的总基因 Clean Tag 数，每个库平均可达 520 万个，差异基因 Clean Tag 数平均每个库 104 044 个。在 3 个样品中，空白 C 库测得的总的基因标签 Tag 数和差异基因标签 Tag 数最多，基因标签 Tag 数为 6 194 034 个，差异基因标签 Tag 数为 321 990 个；其次是 NDV-YC 库差异基因标签 Tag 数为 261 654 个；NDV-GM 库测得的 Tag 数相对最少，差异基因标签 Tag 数为 238 680 个。3 个样品测序结果显示均得到百万个特异标签 Tag 数。数据显示，C 库中差异基因标签 Tag 数占总基因标签 Tag 数的比例是最高的，其比例达 5%。如表 3－3、图 3－6（a）、图 3－6（b）和图 3－6（c）以及图 3－7（a）、图 3－7（b）和图 3－7（c）所示。

表 3－3 数字化基因表达谱文库主要特征

Table 3－3 Major Characteristics of DGE libraries and
tag mapping to the UniGene transcript database

	C		GM		YC	
	Distinct Tag	Total Tag	Distinct Tag	Total Tag	Distinct Tag	Total Tag
Raw Data	321 990	6 194 034	238 680	5 000 000	261 654	5 000 000
Tags Containing N	19 213	51 720	6 745	16 788	8 353	17 443
Adaptors	95	101	0	0	0	0
Tag CopyNum < 2	178 787	178 787	141 809	141 809	155 190	155 190
Clean Tag	123 895	5 963 426	90 126	4 841 403	98 111	4 827 367
CopyNum > 2	123 895	5 963 426	90 126	4 841 403	98 111	4 827 367
CopyNum > 5	50 704	5 758 612	36 867	4 691 982	41 179	4 667 048
CopyNum > 10	33 956	5 631 747	24 438	4 597 917	27 734	4 565 226
CopyNum > 20	22 487	5 464 369	15 976	4 473 900	18 589	4 431 628
CopyNum > 50	12 652	5 146 769	8 607	4 236 406	10 531	4 172 995
CopyNum > 100	7 741	4 797 796	4 984	3 978 498	6 398	3 879 496
Tag Mapping						
All Mapping	51 629	3 341 942	37 950	3 287 335	42 584	2 699 478
Unambiguous Mapping	47 976	3 012 617	35 358	3 070 826	39 722	2 452 611
Unknown Tag	24 597	1 247 955	17 734	793 321	16 051	905 688

All Mapping represents the number of all tags mapped to the UniGene virtual tag database, Unambiguous Mapping represents the number of unambiguous tags mapped to the UniGene virtual tag database, unambiguous tags indicate the tags matched only to one gene.

通过高通量测序得到百万个特异标签，构成巨大的 DGE 文库，对库容量的分析如图 3－6（a）、图 3－6（b）和图 3－6（c）所示，C 库中的总标签数为 500 000 个时，

43

测得的差异标签数接近 70 000 个，所占总标签比例为 14%，拷贝数大于 1 的标签数约 28 000 个，所占总标签比例为 5.6%；当测得总标签数上升至 6 000 000 个时，测得的差异标签数约 20 000 个，占总标签数 0.33%，拷贝数大于 1 的标签数约 8 000 个，占总标签比例为 0.13%，其比新出现的差异标签比例随着总的序列标签数的增加而逐渐减少。GM 库和 YC 库也显示相同的变化情况。3 个样本中 C 库测得的总标签数最多，数目达 6 000 000 个，YC 库测得总标签数和 GM 库一样，数目为 5 000 000 个。

测序饱和度分析，可以进行检查是否检测到的基因数量不断增加时，测序总标签数量的增加。3 个样品的测序量达到 200 万以上时，检测到新的基因数比例几乎不再增加，趋于稳定的数值，如图 3-7（a）、图 3-7（b）和图 3-7（c）所示，饱和度分析表明该测序结果可以得到足够后续表达分析的数据。

为了进一步了解标签映射到参考标记数据库情况，数据库包括从鸡 Unigene 中 19 208 个序列。我们用 NlaIII 消化，利用软件检索 mRNA 上所有的 CATG 位点，生成 CATG + 17nt 碱基的参考标签数据库，同时获得鸡 Unigene 的标签数据库总参考标签 154 327 个。C 库中有 146 895 个标签是唯一对应的标签序列；GM 库与 YC 库相同，有 117 656 个标签是唯一对应的标签序列。然后，将全部 Clean Tag 与参考标签数据库比对，允许最多一个碱基错配，对其中唯一比对到一个基因的标签（Unambiguous Tags）统计。

在总的 Clean 差异基因标签中，C 库、NDV-GM 库、NDV-YC 库对应到数据库的差异基因所占比例分别为 41.7%、42.1% 和 43.4%；C 库、NDV-GM 库、NDV-YC 库没有对应到数据库的差异基因所占比例分别为 19.9%、19.7% 和 16.4%，可见测序所得到的基因标签大部分都能对应到数据库中。

通过高通量测序，我们获得了大量的 Reads，从以上过百万的标签数值中，我们可以对差异 Tag 进行统计和分析，80% Tag 都可以对应参考库中的基因都拥有该表达谱分析可行。

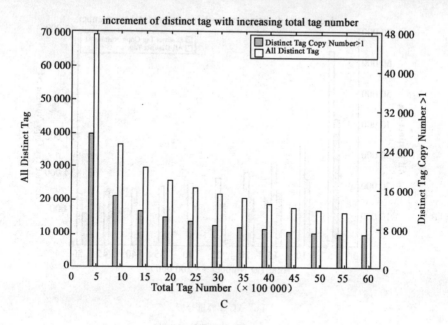

（a）C 库容量分析

（a）Analyze of C storage capacity

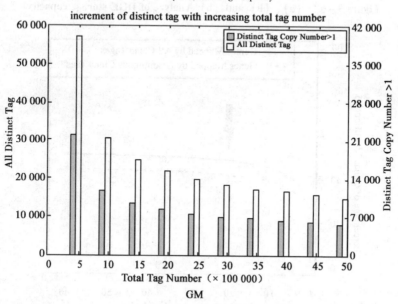

（b）GM 库容量分析

（b）Analyze of GM storage capacity

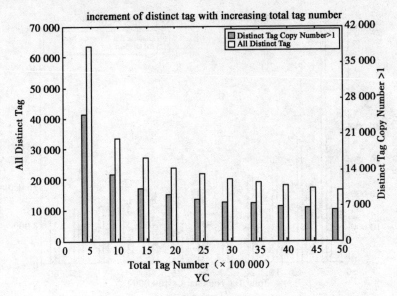

(c) YC 库容量分析

(c) Analyze of storage capacity

图 3 – 6 (a)、(b) 和 (b) DGE 库容量分析

Figure 3 – 6 (a)、(b) and (b) Analyze of DGE storage capacity

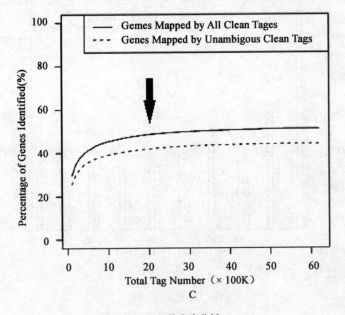

(a) C 饱和度分析

(a) Saturation evaluation of C different expresstion

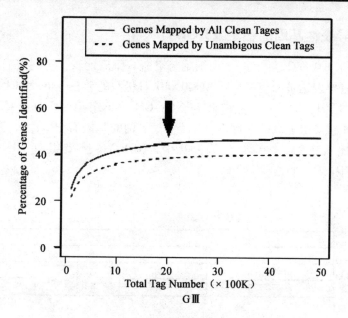

（b）GⅢ饱和度分析

（b）Saturation evaluation of GⅢ different expresstion

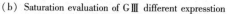

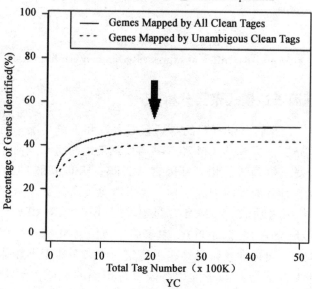

（c）YC 饱和度分析

（c）Saturation evaluation of YC different expresstion

图 3 - 7　（a）、（b）和（c）饱和度分析

Figure 3 - 7　（a）、（b）and（c）**Saturation evaluation of different expression**

3.3.2.2 差异表达基因的鉴定（DGES）

NDV-GM 和 NDV-YC 感染的 DF-1 细胞与空白 C 细胞比较，对测得的差异基因进行鉴定，其中，差异表达基因定义为 FDR ≤ 0.001 且倍数差异在 2 倍及以上的基因，差异表达基因结果如图 3 – 8 所示。空白 C 与 NDV-GM 感染组相比，有 2 435 个差异基因，其中，NDV-GM 感染组上调的基因有 2 034 个，下调的基因有 392 个，空白 C 与 NDV-YC 感染组向比有 1 922 个差异基因，其中，NDV-YC 感染组有 903 个上调基因，1 019 个下调基因。

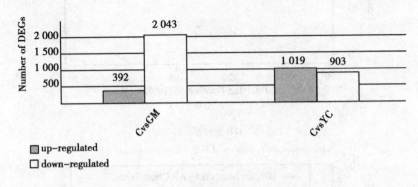

图 3 – 8　差异表达基因

Figure 3 – 8　Different expressed genes between libraries

3.3.2.3 差异基因表达模式聚类分析

从聚类分析图中，我们可以直观的看到基因上调和下调情况。将 3.3.2.2 中差异表达基因进行聚类分析，从 NDV-GM 和 NDV-YC 感染组两组和空白相比的基因调节交集，我们发现新城疫发生调节的相同基因有 ACTR3、HSP25 和 TXNDC10 蛋白相关基因。ACTR3 蛋白是 3 种骨架蛋白中的一种，属于微丝蛋白，微丝蛋白的异常表达，影响微丝结构域的结构或者功能。2008 年郑肖娟发现 IBDV 感染 CEF 后，发现微丝蛋白 ACTB 表达上调（Zheng et al.，2008）。本实验中 NDV-GM 株、NDV-YC 株感染后的 ACTR3 相关基因上调，可以导致微丝结构不稳定。HSP25 属于小热休克蛋白，又称应激蛋白，是细胞在不同应激状态下发生基因表达不同的反应，常常有分析伴侣活性（聂忠清等，2006），小热休克蛋白可以维持细胞蛋白的稳定，阻止蛋白变性，免受细胞受凋亡等伤害，本实验中 2 病毒感染后宿主细胞中与 HSP25 相关基因均下调，该基因的下调可以抑制或延缓细胞凋亡，为子代病毒提供有力因素，下调推测是机体产生某种自我保护机制。TXNDC10 蛋白属于硫氧还蛋白中的一员，属于核糖核酸还原酶，参与抗缺氧诱导的细胞凋亡、免疫应答等（Muniyappa et al.，2009）。本实验中 2 病毒感染后宿主细胞中与 TXNDC10 相关基因均下调，若该蛋白表达量减少可以增加细胞凋亡的发生，有利于 NDV 感染的细胞发生氧化应激，对细胞造成持续性感染破坏。这 3 个蛋白的调节情况见图 3 -9 所示。

从 NDV-GM 和 NDV-YC 感染组两组和空白相比的基因调节交集部分，即 2 株病毒感染细胞后测到的共同的差异基因有 757 个基因，对应到参考基因库，得到 691 个基因的注释，基因详细注释见附录 A 所示，其中 2 株病毒的差异基因表现出上下调节相反的有 30 个基因。NDV-GM 和 NDV-YC 感染组两组和空白相比，除了相同的差异基因外还测得各自的差异基因，将 2 株病毒的所有差异基因进行统计，共有 3 591 个。

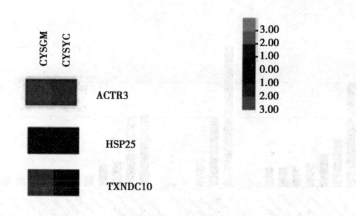

图 3 -9　差异基因表达模式聚类分析

Figure 3 -9　Differential gene expression pattern clustering analysis

3.3.2.4　GO 分析

GO 总共有 3 个本体（Ontology），分别描述基因的分子功能（Molecular Function）、所处的细胞位置（Cellular Component）、参与的生物过程（Biological Process）。将已经对应参考库中基因进行 GO 分析，NDV-GM 和 NDV-YC 感染组两组和空白共测得所处的细胞位置（Cellular Component）的基因 9 913 个，分子功能（Molecular Function）的基因 9 800 个，参与的生物过程（Biological Process）的基因 9 290 个。

对 2 株病毒感染组的 GO 功能 3 个部分总结分析如图 3 -10 和图 3 -11 所示。

NDV-GM 感染组所处的细胞位置（Cellular Component）的基因中主要有 cell part、intracellular organelle、membrane-bounded organelle、membrane part、organelle part、cytoplasm，分别将其注释到该条目的所有基因与注释到所有 GO 条目的所有基因的数量和百分比为 96.3%、60.7%、54.6%、30.3%、29.9% 和 28.9%；分子功能（Molecular

Function）的基因中主要有 catalytic activity、protein binding、nucleotide binding、purine nucleotide binding、nucleoside binding，分别将其注释到该条目的所有基因与注释到所有 GO 条目的所有基因的数量和百分比为 41.3%、30.2%、16.1%、14.0% 和 12.1%；注释基因参与的生物过程（Biological Process）的主要有 biological regulation、cellular metabolic process、regulation of biological process、localization、response to stimulus、protein metabolic process、cellular developmental process、cellular component organization at cellular level、immune system process，分别将其注释到该条目的所有基因与注释到所有 GO 条目的所有基因的数量和百分比为 44.1%、43.4%、40.1%、25.7%、23.2%、19.8%、13.4%、12.6% 和 6.6%。

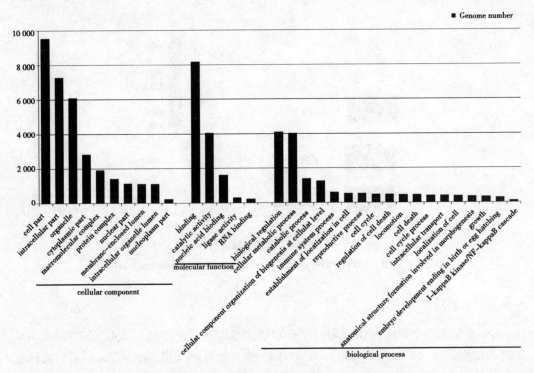

图 3 – 10　NDV-GM 感染组 GO 分析

Figure 3 – 10　GO Analysis of NDV-GM infected group

NDV-YC 感染组所处的细胞位置（Cellular Component）的基因中主要有 cell part、intracellular part、organelle、macromolecular complex、protein complex，分别将其注释到该条目的所有基因与注释到所有 GO 条目的所有基因的数量和百分比为 96.3%、73.3%、61.4%、19.5% 和 14.4%；分子功能（Molecular Function）的基因中主要有 binding、catalytic activity、nucleic acid binding，基分别将其注释到该条目的所有基因与

注释到所有 GO 条目的所有基因的数量和百分比为 83.6%、41.3% 和 16.6%；基因参与的生物过程（Biological Process）主要有 biological regulation、cellular metabolic process、catabolic process、cellular component organization or biogenesis at cellular level、immune system process，分别将其注释到该条目的所有基因与注释到所有 GO 条目的所有基因的数量和百分比为 44.1%、43.4%、14.9%、13.6% 和 6.6%。

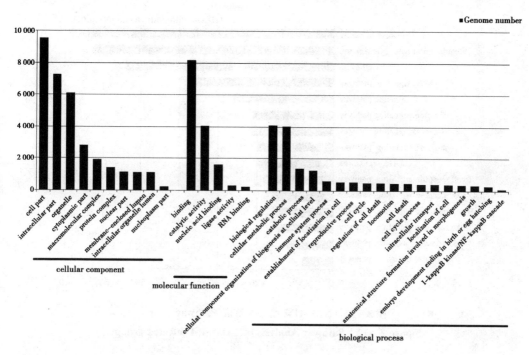

图 3 – 11　NDV-YC 感染组 GO 分析

Figure 3 – 11　GO Analysis of NDV-YC infected group

3.3.2.5　Pathway 分析

Pathway 分析可以分析出，差异表达基因参与的最主要生化代谢途径和信号转导途径。将 NDV-GM 和 NDV-YC 感染组两组和空白相比，筛选出的差异基因进行 Pathway 分析，发现基因参与多条信号通路，有免疫相关通路，有细胞凋亡相关通路，还有癌症相关通路，由于该分析是从 mRNA 水平进行数据库比对，蛋白质最终功能执行者，对后续相关蛋白分析提供数据参考。从图 3 – 12 和图 3 – 13 的结果中显示，NDV 感染细胞后，细胞中测得比较多基因可以注释到癌症方面相关信号通路，GM 感染细胞测得注释过的基因共有 1 746 个，Pathways in cancer 信号通路相关基因较多达接近 70 个，其次是细胞骨架结构的调节，细胞循环等方面；YC 感染的细胞测得注释过的基因有

1 415个，其中，Pathways in cancer 信号通路相关基因较多达接近 60 个，略少于 GM 株感染细胞，但是，从两个感染细胞来看，NDV 感染后，细胞中涉及信号通路变化趋势还是一致的，主要有 Pathways in cancer，Regulation of actin cytoskeleton，MAPK signaling pathways，TGF-beta signaling pathways 等，在每条信号通路中都测得可以注释的基因分别超过 15 个。

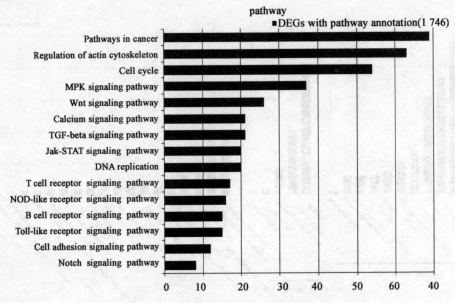

图 3 – 12　NDV-GM 感染组基因 Pathway 分析
Figure 3 – 12　Pathway Analysis of NDV-GM infected group

3.4　小结

第一，基于第二代测序技术的数字表达谱（Digital Gene Expression Tag Profile，DGE）可以精确地检测低至一两个拷贝的稀有转录本（rare transcripts），并精确定量高达 10 万个拷贝的转录本的表达量变化。该实验测序 NDV-GM，NDV-YC 病毒感染的 2 个 DF-1 细胞和空白 C 的 DF-1 细胞 3 个样品，我们共获得约 540 万个总库序列标签 Tag 数，其中包括差异基因序列标签 Tag 数为 274 108 个。测序饱和度分析，可以进行检查是否检测到的基因数量不断增加时，测序总标签数量的增加。测序量达到 200 万以上时，检测到的基因数量几乎不再增加。测序所得到的基因标签百分比显示大部分都能对应到数据库中。

第二，NDV-GM、NDV-YC 感染的 DF-1 细胞与空白 C 细胞比较，测得基因有变化。空白 C 与 NDV-GM 感染组相比，有 2 435 个差异基因，其中，NDV-GM 感染组上调的基

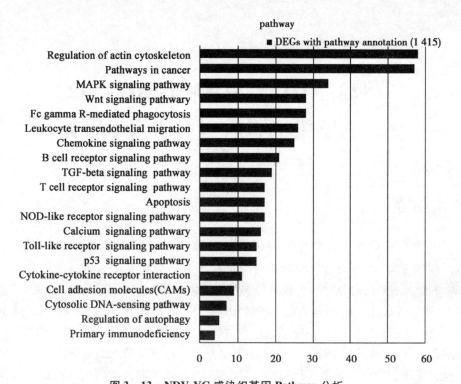

图 3－13　NDV-YC 感染组基因 Pathway 分析

Figure 3－13　Pathway Analysis of NDV-YC infected group

因有 2 034 个，下调的基因有 392 个，空白 C 与 NDV-YC 感染组向比有 1 922 个差异基因，其中，NDV-YC 感染组有 903 个上调，1 019 个下调。

第三，GO 总基因的分子功能（Molecular Function）、所处的细胞位置（Cellular Component）、参与的生物过程（Biological Process）3 部分，NDV-GM 和 NDV-YC 感染组两组和空白组共测得所处的细胞位置（Cellular Component）的基因 9 913 个，分子功能（Molecular Function）的基因 9 800 个，参与的生物过程（Biological Process）的基因 9 290 个。NDV-GM 和 NDV-YC 感染组两组和空白相比，NDV-GM 测序得到差异基因 2 435 个，NDV-YC 感染组测序得到 1 922 个差异基因。

第四，差异表达基因进行聚类分析，从 NDV-GM 和 NDV-YC 感染组两组和空白相比的基因调节交集，我们发现，新城疫发生调节的相同基因中有 ACTR3、HSP25、TX-NDC10 蛋白相关联以内。2 株病毒感染细胞后测到的共同的差异基因有 757 个基因，对应到参考基因库，得到 691 个基因的注释。

第五，将 NDV-GM 和 NDV-YC 感染组两组和空白相比，筛选出的差异基因进行 Pathway 分析，发现基因参与与免疫相关通路、细胞凋亡相关通路，还有癌症相关通路等。

第四章

鸡源NDV-GM和鸭源NDV-YC
感染细胞后蛋白质组学研究

4.1　引言

　　NDV 为囊膜病毒，病毒粒子表面有两种膜蛋白，即血凝素－神经氨酸酶蛋白（HN）和融合蛋白（F）：HN 蛋白参与病毒粒子对易感细胞的吸附以及病毒粒子从细胞表面的释放；F 蛋白介导病毒囊膜与细胞膜、细胞膜与细胞膜之间的融合。F 蛋白以前体 F_0 的形式合成，F_0 裂解成以二硫键相连的 F_1 和 F_2 两个多肽后病毒粒子才具有感染性。仅有 F 蛋白的裂解并不能完成融合过程，还需要 HN 蛋白与 F 蛋白的协同作用来促进融合（Deng et al.，1997）。但是从宿主方面在作用于致病过程中的蛋白仍是研究的焦点，采用蛋白质组学方法研究病毒感染细胞后差异表达的蛋白，有助于揭示病毒致病机制（Maxwell et al.，2007；Viswanathan et al.，2007）。

　　同重同位素相对与绝对定量（Isobaric tags for relative and absolute quantitation，iTRAQ）技术是可以在一次实验中进行多达 8 个样品的蛋白质组定量技术，该定量方法几乎可以对任何蛋白样品进行定量分析，具有高定量精度的特点，目前已经越来越广泛的应用于定量蛋白质组学领域。iTRAQ 定量蛋白质组技术自 2004 年在美国质谱年会第一次被提出以来（Ross et al.，2004），已经成为一种应用越来越广泛的定量蛋白质组技术。在 2009 年，有超过 150 篇的研究文章采用该技术，而且逐年增加。该技术可用于寻找和发现区别于正常生理状态下的疾病特异表达蛋白，这有利于疾病发病机理的阐明及疾病的预防、诊断、预后和疗效监测（Zhou et al.，2011），并可用作新靶点来开发临床治疗药物。国际上，蛋白质组学研究进展十分迅速，不论基础理论还是技术方法，都在不断进步和完善（Zhu et al.，2010）。国内结合多维液相色谱和串联质谱的 iTRAQ 技术也以其独特的优点得到了比较广泛的应用（Hu et al.，2010）。

　　iTRAQ 定量技术的基本原理及主要步骤，iTRAQ 定量方法可以在一次串联质谱实验中同时比较 8 个样品中的蛋白的相对含量，主要步骤如图 4－1 中所示，分别为蛋白提取、酶解、标记、混合、SCX 预分离、液相串联质谱分析。在一级质谱时，平衡基团可以确保无论用哪种报告离子标记肽段，都显示为相同的质荷比值。在二级质谱时，平衡基团发生中性丢失，而报告离子的强度则可以反映肽段的相对丰度值。图 4 – 1 中最下方为一张 MS/MS 谱图，横坐标为离子质荷比值，纵坐标为离子强度。8 个彩色峰表示 iTRAQ 试剂的 8 种报告离子，其高度分别代表了肽段的相对含量，用于后续定量。其余黑色峰为肽段碎裂后的子离子峰，用于后续鉴定。

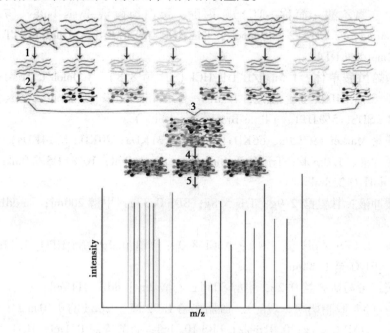

图 4 – 1 iTRAQ 定量蛋白质组学原理
Figure 4 – 1 iTRAQ quantitative proteomics principle

本章用 iTRAQ 定量蛋白质组技术对新城疫病毒感染细胞进行蛋白质组学研究，使用该技术可以寻找差异表达蛋白，并分析其蛋白功能，同时可以对 1 个基因组表达的全部宿主蛋白质进行精确定量和鉴定。对鉴定出 1 721 个蛋白进行 GO 分析，COG 注释，Pathway 代谢途径分析等。

4.2 材料与方法

4.2.1 材料

4.2.1.1 病毒、细胞和抗体

鸡源 NDV-GM，鸭源 NDV-GM 从广东省发病的禽群中分离，由华南农业大兽医学院传染病教研室提供。

CEF 细胞由 9 ~ 11 日龄 SPF 鸡胚（永顺生物制品有限公司）自己制备。

CathepsinD 山羊 IgG 单抗（Santa Cruz 公司）。

4.2.1.2 试剂

PVPP，三氯乙酸（简称：TCA），丙酮，蛋白裂解液 Lysis buffer（7mol/LUrea、2mol/L Thiourea、4% CHAPS、40mmol/L Tris-HCl、pH 值 8.5），1mol/L DTT，0.1mol/L PMSF，0.2mol/L EDTA。

30% 丙烯酰胺单体，1.5mol/L Tris-HCl（pH 值 8.8），1.0mol/L Tris-HCl（pH 值 6.8），10% SDS，10% 过硫酸铵，TEMED，Loading buffer（0.2mol/L Tris HCl、40% Glycerol、8% SDS、5% DTT、a little Bromophenol blue）。

低分子量 Marker（97KDa、66KDa、43KDa、31KDa、20KDa 和 14KDa）。

匀浆缓冲液：1.0mol/L Tris-HCl（pH 值 6.8）1.0ml；10% SDS 6.0ml；β-巯基乙醇 0.2ml；ddH$_2$O 2.8ml。

转膜缓冲液：甘氨酸 2.9g；Tris 5.8g；SDS 0.37g；甲醇 200ml；加 ddH$_2$O 定容至 1 000ml。

0.01mol/L PBS（pH 值 7.4）：NaCl 8.0g；KCl 0.2g；Na$_2$HPO$_4$ 1.44g；KH$_2$PO$_4$ 0.24g；加 ddH$_2$O 至 1 000ml。

染色液：考马斯亮兰 0.2g；甲醇 80ml；乙酸 2ml；ddH$_2$O118ml。

包被液（5% 脱脂奶粉，现配）：脱脂奶粉 1.0g 溶于 20ml 的 0.01mol/L PBS 中。

显色液：DAB 6.0mg；0.01mol/L PBS 10.0ml；硫酸镍胺 0.1ml；H$_2$O$_2$ 1.0μl。

2-D Quant Kit（GE Healthcare），0.55mol/L 碘乙酰胺（简称：IAM），TEAB（Applied Biosystems），胰蛋白酶（Promega），乙腈，甲酸，iTRAQ 标记试剂盒（Applied Biosystems）。

电泳液缓冲液 10×：Tris（MW121.14）15.12g，甘氨酸（MW75.07）94g，SDS 5g，蒸馏水至 1 000ml，溶解后室温保存转移缓冲液。

电转液：甘氨酸（MW75.07）14.40g，Tris（MW121.14）3.03g，甲醇 200ml，蒸馏水至 1 000ml（先用蒸馏水溶解甘氨酸、Tris 和 SDS，然后再加入甲醇，最后补足液体。如果先加入甲醇，溶解甘氨酸、Tris 和 SDS 等比较困难）。

TBS 缓冲液 10×：Tris（MW121.14）30.29g，NaCl 44g，蒸馏水至 500ml。

TBST 缓冲液：20% Tween-20 1.65ml，TBS 700ml，混匀后即可使用，最好现配现用。

分离胶和浓缩胶按表 4 - 1 配方制备。

表 4 - 1　两块 10% 分离胶和 4% 浓缩胶配方

Table 4 - 1　Formulations of 10% separating gel and 4% stacking gel in two

	10% 分离胶（10ml）	4% 浓缩胶（4ml）
超纯水	4.0ml	2.4ml
30% Acr/Bic（29.2：0.8）	3.3ml	0.475ml
1.5 mol/L Tris·HCl（pH 值 8.8）	2.5ml	—
0.5 mol/L Tris·HCl（pH 值 6.8）	—	1.21ml
10% SDS	100μl	50μl
10% AP（过硫酸铵）	50μl	25μl
TEMED	5μl	5μl

4.2.1.3　仪器设备

5 430R 离心机（Eppendorf），Elix100 纯净水装置（Millipore，USA），匀浆机（precellys24，Bertin），超声细胞粉碎机（Sonics），电泳仪（BIO-RAD），扫描仪（UMAX），酶标仪（BIO-RAD），阴阳离子交换器（Phenomenex），LC-20AD 色谱仪（SHIMADZU），LTQ Orbitrap Velos 质谱仪（Thermo fisher），蛋白鉴定 Mascot 2.3.02 软件。YJ-1450SA 型超净工作台（苏州市净化设备厂），Scotsman 自动颗粒制冰机（意大利 FRIMONT 公司），微量移液器（德国 Eppendorf 公司），AE-240 型电子分析天平（Mettler-Toledo 仪器上海有限公司），DELTA 320 pH 计（Mettler-Toledo 仪器上海有限公司），电热恒温鼓风干燥箱（上海跃进医疗器械厂），酶标仪 Multiskan MK3（Thermo Electron corporation），SZ-93 型自动双重纯水蒸馏器（上海亚荣生化仪器厂），YX-280 型手提式压力蒸汽消毒器（江阴市滨江医疗设备厂），SZ-93 型自动双重纯水蒸馏器（上海亚荣生化仪器厂），DYY-8C 型稳压稳流电泳仪（北京六一仪器厂），垂直板电泳、电转槽（Bio-Rad 公司）和 KQ-500DB 型数控超声波清洗器（昆山市超声仪器有限公司）。

4.2.2　方法

iTRAQ 定量蛋白质组学实验的基本流程（图 4 - 2）。第一步，从样品中提取蛋白。第二步，3 对提取后的蛋白样品进行还原烷基化处理，打开二硫键以便后续充分酶解蛋白。第三步，用 GE 公司的 2D quant kit 法进行蛋白质的浓度测定。第四步，等体积进行 SDS（十二烷基磺酸钠）电泳。第五步，酶解蛋白。第六步，用 iTRAQ 试剂标记肽段。第七步，将标记后的肽段进行等量混合。第八步，对混合后的肽段使用强阳离子交换色谱（Strong Cation Exchange Choematography，SCX）进行预分离。第九步，进行液相串联质谱（liquid chromatography coupled with tandem mass spectrometry，LC、MS/MS）分析。

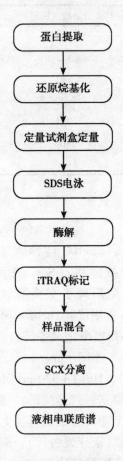

图 4 – 2　实验流程

Figure 4 – 2　Experimental procedure

4.2.2.1　CEF 细胞的制备

选择 9 ~ 10 日龄发育良好的 SPF 鸡胚，先用碘酒棉消毒蛋壳气室部位，无菌取出鸡胚放在平皿中，去头、四肢和内脏后，放入无菌的平皿中，用 PBS 洗涤胚体，转入灭菌小烧杯中，用无菌的手术剪刀剪成 1mm³ 的小组织块，再用 PBS 洗涤 1 次，然后加 0.25% 胰蛋白酶，在 37 ℃ 水浴中消化 20 ~ 30min 后，加 PBS 终止并洗涤 1 次，加适量的含 5% 的 FBS（胎牛血清）的 DMEM，用带 6 ~ 8 层纱布的漏斗过滤，制成每毫升约含 50 万左右活细胞的细胞悬液，分装于 6 孔细胞培养板中，置 37 ℃，5% CO_2 培养箱中培养，24h 左右即可长成良好的单层细胞。

58

4.2.2.2 蛋白质提取

①向细胞样品中加入适量蛋白裂解液 Lysis Buffer，混合。

②加入终浓度为 1mmol/L 的 PMSF、2mmol/L 的 EDTA，5min 后加入终浓度为 10mmol/L 的 DTT。

③冰浴超声 15min，30 000g 离心 15min，取上清液。

④向上清液中加入 5 倍体积的 10% TCA 丙酮溶液，– 20 ℃沉淀至少 2h 或者过夜。

⑤4 ℃条件下 30 000g 离心 15min，除上清液。向沉淀加入适量纯净冷丙酮，重复洗涤，在 – 20 ℃沉淀至少 30min。30 000g 离心 15min 除上清液。

⑥重复第 5 步 3 次。

⑦简单风干沉淀中残余丙酮，加入 0.5 mol/L TEAB 500μl，冰浴超声 15min。

⑧4 ℃条件下 30 000g 离心 15min，取上清液蛋白液备用。

4.2.2.3 蛋白质定量

采用 GE 公司生产的 2-D Quant Kit 试剂盒进行定量。取 10μg、20μg、30μg、40μg 和 50μg 的 BSA 制作标准曲线，样品一般取 2～3μl，双复管测定。每支管加入 1ml Bradford 进行染色，漩涡振荡 20s，使其充分混匀后即可测定吸光值，测定时两个样品之间的操作间隔应该是 20s 左右。定量分析两次第一次初步定量后，调整样品浓度再进行第二次定量，制作标准曲线。

检测样品蛋白含量：

①足量的 1.5ml 离心管，每管加入 4℃储存的考马斯亮蓝溶液 1ml。室温放置 30min 后即可用于测蛋白。

② 取一管考马斯亮蓝加 0.15mol/L NaCl 溶液 100ml，混匀放置 2 分钟可做为空白样品，将空白倒入比色杯中在做好标准曲线的程序下按 blank 测空白样品。

③弃空白样品，用无水乙醇清洗比色杯 2 次（每次 0.5ml），再用无菌水洗 1 次。

④取一管考马斯亮蓝加 95ml 0.15mol/L NaCl 溶液和 5ml 待测蛋白样品，混匀后静置 2min，倒入扣干的比色杯中按 sample 键测样品。

注意：每测一个样品都要将比色杯用无水乙醇洗 2 次，无菌水洗 1 次。可同时混合好多个样品再一起测，这样对测定大量的蛋白样品可节省很多时间。测得的结果是 5ml 样品含的蛋白量。

SDS 电泳：定量所得的数据与样本的实际浓度间可能存在一定的误差，所以，进行凝胶电泳及染色，测试定量结果。配制 12% 的 SDS 聚丙烯酰胺凝胶。每个样品分别与 2 × loading buffer 混合，95℃加热 5min。每个样品上样量为 30μg，Marker 上样量 10μg。120 V 恒压电泳 120min。电泳结束后，考染液染色 2h，再用脱色液脱色 3～5

次，每次 30min。

4.2.2.4　酶解

①每个样品精确取出 100μg 蛋白。

②加入终浓度 10mmol/L 的 DTT 56℃水浴 1h。

③加入终浓度 55mMmol/L 的 IAM 在暗室室温放置 45min。

④按蛋白：酶 =30：1 的比例加入 Trypsin，37℃酶解 16h。

4.2.2.5　标记

酶解结束后，将肽段冷冻抽干，再用 0.5mol/L 的 TEAB 复溶至 iTRAQ 标记所要求的浓度之间。将 iTRAQ 标签试剂取出，用异丙醇活化后，对应地加入到相应的样品中。然后在室温条件下孵育 2h。将 3 个样品混合成一管，冷冻抽干。

4.2.2.6　液相分离

采用岛津 LC-20AB 液相系统、分离柱为 4.6mm×250mm 型号的 Ultremex SCX 柱对样品进行液相分离。将标记后抽干的混合肽段用 4ml buffer A（25 mmol/L NaH_2PO_4 in 25% ACN，pH 值 2.7）复溶。进柱后以 1ml/min 的速率进行梯度洗脱：先用 buffer A 洗脱 10min，接着逐渐混入 5% ~ 35% buffer B（25 mmol/L NaH_2PO_4，1mol/L KCl in 25% ACN，pH 值 2.7）洗脱 11min，最后逐渐混入 35% ~ 80% buffer B 洗脱 1min。整个洗脱过程在 214nm 吸光度下进行监测，经过筛选得到 10 个组分。每个组分分别用 Strata X 除盐柱除盐，然后冷冻抽干。

4.2.2.7　液相串联质谱分析

将抽干的每个组分分别用 buffer A（2% ACN，0.1% FA）复溶至约 0.5 μg/μl 的浓度，20 000g 离心 10min，除去不溶物质。每个组分上样 10μl（约 5 μg 蛋白），通过岛津公司 LC-20AD 型号的纳升液相色谱仪进行反相分离。所用的反相柱为 C18 柱，包括两部分：长度 2cm 内径 200μm 的进样部分和长度 10cm 内径 75μm 的洗提分离部分。

分离程序如下：先以 15μl/min 的流速进样 4min；然后以 400nl/min 的流速梯度洗涤 44min，洗涤梯度为 buffer B（98% ACN，0.1% FA）从 2% 上升到 35%；再从 35% 到 80% 线性洗提 2min。最后用 80% 的 buffer B 洗柱 4min、buffer A 洗柱 1min。

经过液相分离的肽段进入到串联 ESI 质谱仪：LTQ Orbitrap Velos（Thermo）。机器分辨率设置为 60 000（质荷比/半峰宽）。用碰撞能量为 45% 的 HCD（High energe Collision Dissociation）模式对肽段进行筛选，在离子阱中检测信号。每个峰强度超过 5 000

的一级母离子打 8 个二级谱图，动态排除设定为：30s 内出现两次的母离子在未来 120s 不再打二级。离子源电压设置为 1.5kV。AGC（Automatic gain control）设置为：对离子阱内控制聚集量约 1×10^4 个离子进行扫描鉴定，扫描的质荷比范围为 350～2 000Da。

4.2.2.8　Westernblot 验证

按照 4.2.2.3 中的方法 SDS 电泳至溴酚兰刚跑出即可终止电泳，进行转膜，免疫反应，化学发光，显影，定影，凝胶图像分析，将胶片进行扫描或拍照，用凝胶图象处理系统分析目标带的分子量和净光密度值。

显影时，在暗室中按说明书的要求配制 ECL 试剂，即等量混合 Solution A 和 Solution B，均匀地滴加于膜上，用量为 125μl/cm² 膜面积，作用约 1～3min 后与 BIO-RAD 成像系统观察，并用对应软件进行光密度积分值分析，内参保证上样量的一致性。

4.3　结果与分析

4.3.1　蛋白质定量

以 BSA 溶液为标准品，绘制标准曲线，如图 4－3 所示。以标准蛋白浓度为横坐标，A480 吸光值为纵坐标制作标准曲线图，求得回归方程。做回归曲线后按其线性方程计算样品蛋白浓度。以相同的体积进行 SDS 电泳图如 4－4 所示，条带显示 3 个样品中都有大量的蛋白。

4.3.2　蛋白质鉴定质量评估和基本信息

4.3.2.1　蛋白质鉴定质量评估

数据库的选择是基于质谱数据的蛋白质鉴定策略中的重要一步，最终鉴定到的蛋白质序列都来源于被选择的数据库中，本实验使用数据库：鸡参考基因数据库（17 734 sequences）。

Mascot 是一个蛋白质鉴定软件，曾被 Frost & Sullivan 研究机构评为生物质谱软件的黄金标准。本实验使用的软件 Mascot，选择已经建立好的数据库，然后进行数据库搜索。

质谱仪器采用 LTQ-Orbitrap-Velos，该仪器的优势在于具有很高的分辨能力和很高的质量精确度。可以广泛适用于小分子和大分子的分析。尤其适合样品高度复杂的蛋白质组学研究领域。目前，公认认为，肽段母离子质量的精确测定可以显著减小假阳性鉴定结果的出现概率。LTQ-Orbitrap-Velos 质谱仪的一级质谱和二级质谱质量精确度都小于 3×10^{-6}。但为了防止遗漏鉴定结果，因此，基于数据库搜索策略的肽段匹配

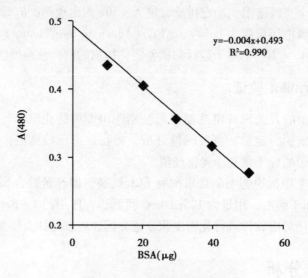

$$y=-0.004x+0.493$$
$$R^2=0.990$$

图 4 – 3　蛋白定量标准曲线

Figure 4 – 3　Standard curve of protein concentration

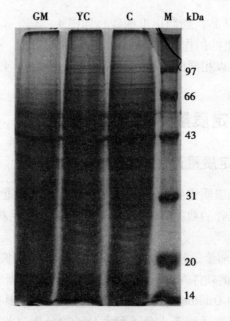

图 4 – 4　SDS 电泳

Figure 4 – 4　SDS-Polyacrylamide Gel Electrophoretogram

误差控制在 10×10^{-6} 以下。图 4 – 5 显示了所有匹配到的肽段的相对分子量的真实值与理论值之间的误差分布，图 4 – 5 中显示所有的数据库搜索策略的肽段匹配误差均分布在 10×10^{-6} 以下，鉴定基本完全；肽段母离子质量通过 Mascot Ion Score 反应，其测定可以减少假阳性鉴定结果出现概率。

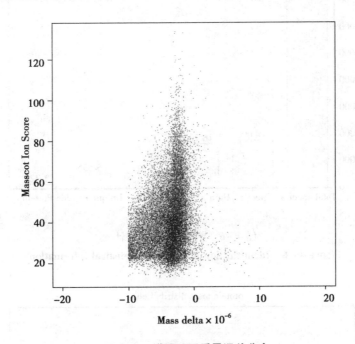

图 4 – 5　谱图匹配质量误差分布

Figure 4 – 5　The error distribution of spectra match quality

4.3.2.2　蛋白质鉴定基本信息

3 个样品同时进行质谱鉴定，经过质量控制后，鉴定到的蛋白有 1 721 个，鉴定到的肽段有 5 815，其中样品中特有的肽段序列片段有 5 555 个，基本信息统计如图 4 – 6 所示。横坐标为鉴定类别，纵坐标为数量。Total Spectra 为二级谱图总数，Spectra 为经质量控制后的谱图数量，Unique Spectra 为匹配到特有肽段的谱图数量，Peptide 为鉴定到的肽段的数量，Unique Peptide 为鉴定到特有肽段序列的数量，Protein 为鉴定到的蛋白质数量。

本实验对鉴定到的所有蛋白依据其相对分子质量大小做出统计，如图 4 – 7 所示。图中横坐标为鉴定到的蛋白分子质量（单位：千道尔顿，kDa），纵坐标为该范围分子量的蛋白质占鉴定蛋白数量的百分比。其中，分子质量大于 100kDa 所占比例最多，大多数蛋白的质量分布在 20 ~ 70kDa 之间。

本实验针对不同覆盖度的蛋白比例做出分析，如图 4 – 8，不同颜色代表不同的序列覆盖范围，饼状图百分比显示了处于不同覆盖范围的蛋白质数量占总蛋白数量的比

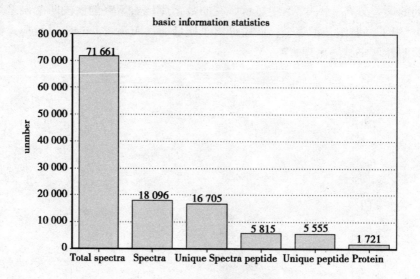

图 4 - 6　鉴定基本信息统计

Figure 4 - 6　Identification of the basic statistical information

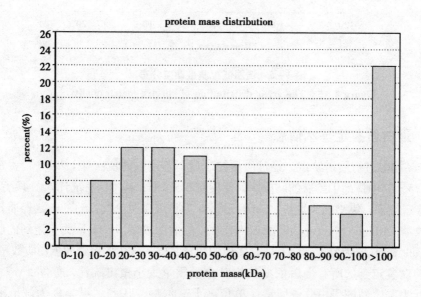

图 4 - 7　蛋白质的质量分布

Figure 4 - 7　The quality of the protein mass

例。肽段序列覆盖度分布如表 4 - 2 所示。结果显示，肽段序列覆盖范围为 0% ~ 5% 的蛋白质数量最多，有 702 个，占总蛋白的 41%；其次是肽段序列覆盖范围为 5% ~ 10%

的蛋白，其数量为 359 个，占总蛋白数量的 21%；肽段序列覆盖范围最高的是 40% ~ 100%，其中的蛋白有 61 个，仅占总蛋白数量的 4%，可见肽段序列覆盖度与蛋白分布情况不成比例。

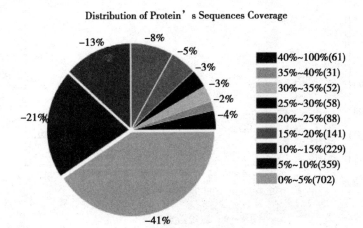

图 4 - 8　肽段序列覆盖度分布

Figure 4 - 8　Peptide sequence coverage distribution

表 4 - 2　肽段序列覆盖度分布

Table 4 - 2　Distribution of peptide sequence coverage degree

Sequence Coverage（%）	Number of proteins in class
0 ~ 5	702
5 ~ 10	359
10 ~ 15	229
15 ~ 20	141
20 ~ 25	88
25 ~ 30	58
30 ~ 35	52
35 ~ 40	31
40 ~ 100	61
Total	1 721

　　本实验对肽段数量分布进行统计，如图 4 - 9 所示，该图显示了鉴定到的蛋白所含肽段的数量，其趋势表明大部分覆盖到蛋白的肽段数量在 10 个以内，其中，其一对一匹配的蛋白数量达到 688，占总鉴定出蛋白数量的 40%，且蛋白数量随着匹配肽段数量的增加而减少，结果显示肽段匹配率较高。

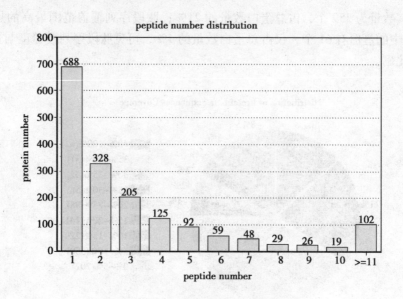

图 4 - 9　肽段数量分布

Figure 4 - 9　peptide quantity distribution

　　本实验对蛋白质丰度比进行分析。蛋白质丰度比分布在相对定量时，如果同一个蛋白质的量在两个样品间没有显著的变化，那么其蛋白质丰度比接近于 1。当蛋白的丰度比即差异倍数达到 1.2 倍以上，且经统计检验其 p-value 值小于 0.05 时，视该蛋白为不同样品间的差异蛋白。对每个蛋白质差异倍数以 2 为底取对数后作出分布如图 4 - 10。图中结果可定量的所有蛋白质的差异倍数的分布情况，表达量上调的蛋白居于横坐标 0 位置的右侧，即大于 0，表达量下调的蛋白居于横坐标 0 位置的左侧，即小于 0。NDV-GM 株的蛋白分布丰度如图 4 - 10（a）所示，NDV-YC 株的蛋白分布丰度如图 4 - 10（b）所示。其中，横坐标表示差异倍数经过以 2 为底数的对数转化后的值；其中差异倍数大于 1.5 的点用红色标出，小于 2/3 的点用绿色标出；这些红色和绿色的点可能是潜在的差异蛋白；是否是最终被筛选的差异蛋白，还需要进行统计学的验证。

4.3.3　蛋白质 GO 分析

　　Gene Ontology（简称：GO）是一个国际标准化的基因功能分类体系，提供了一套动态更新的标准词汇表（Controlled Vocabulary）来全面描述生物体中基因和基因产物的属性。GO 总共有 3 个本体（Ontology），分别描述基因的分子功能（Molecular Function）、所处的细胞位置（Cellular Component）、参与的生物过程（Biological Process）。

　　我们针对鉴定出的所有 1 721 个蛋白进行 GO 功能注释分析，针对 3 个 ontology（cellular component，biological process，molecular function）中所涉及的 GO 条目，列出

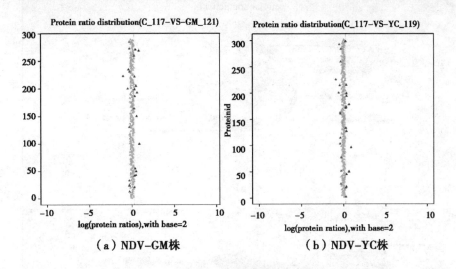

（a）NDV–GM株　　　　　　　　（b）NDV–YC株

图 4 – 10　蛋白质丰度分布

Figure 4 – 10　Protein abundance distribution

所有相应的蛋白的 ID 及蛋白个数，同时做出统计图，略去没有相应蛋白的 GO 条目。按所处的细胞位置（Cellular Component）分类蛋白如图 4 – 11（a）所示，主要包括 cell part（24. 64%）、cell（24. 64%）、organelle（20. 20%）、organelle part（13. 58%）、membrane-enclosed lumen（5. 90%）、macromolecular complex（8. 69%）、extracellular region（1. 11%）和 extracellular region part（1. 10%）。按分子功能（molecular function）分类蛋白如图 4 – 11（b）所示，主要包括 binding（54. 42%）、catalytic activity（27. 36%）、enzyme regulator activity（4. 38%）、structural molecule activity（4. 27%）、transporter activity（3. 59%）和 molecular transducer activity（2. 61%）。按生物学过程（biological process）分类蛋白如图 4 – 11（c）所示，主要包括 cellular process（15. 91%）、metabolic process（13. 13%）、biological regulation（7. 86%）、regulation of biological process（6. 83%）、response to stimulus（6. 36%）、multicellular organismal process（6. 03%）、localization（5. 96%）、cellular component organization or biogenesis（5. 65%）、establishment of localization（5. 43%）、developmental process（5. 29%）、signaling（4. 37%）、death（2. 46%）、negative regulation of biological process（2. 27%）、positive regulation of biological process（1. 91%）、reproduction（1. 60%）和 immune system process（1. 38%）。

结果表明，这些蛋白的功能主要涉及转录调节、结构、转运、免疫反应和其他功能等，这些蛋白主要位于细胞质、细胞膜和细胞器（线粒体和溶酶体），还有一些属于分泌性蛋白。

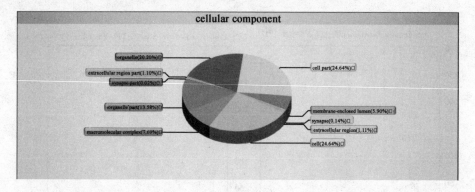

（a）

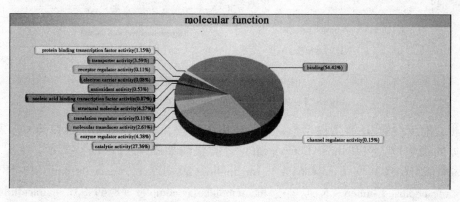

（b）

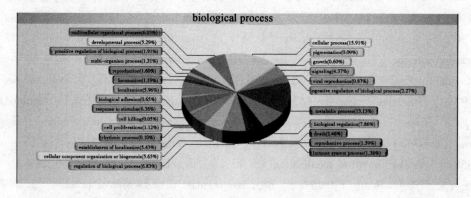

（c）

图 4 – 11　（a）、（b）和（c）GO 分类

Figure 4 – 11　（a）、（b）and（c）The GO classification

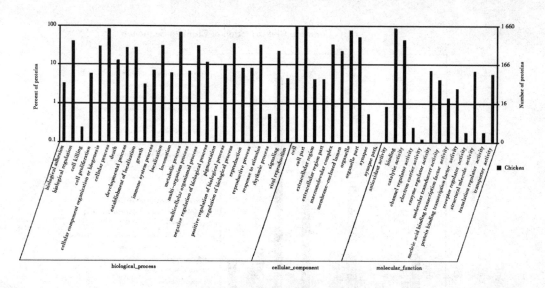

图 4 – 12 GO 分类汇总

Figure 4 – 12 The general GO classification

我们将鉴定出的 1 721 个蛋白按照 GO 功能的 3 个部分分类，对应到鸡参考基因数据库中的蛋白总结如图 4 – 12 所示。

4.3.4 蛋白质 COG 分析

COG（Cluster of Orthologous Groups of proteins 蛋白相邻类的聚簇）是对蛋白质进行直系同源分类的数据库。构成每个 COG 的蛋白都是被假定为来自于一个祖先蛋白，并且因此或者是 orthologs 或者是 paralogs。Orthologs 是指来自于不同物种的由垂直家系（物种形成）进化而来的蛋白，并且典型的保留与原始蛋白有相同的功能。Paralogs 是那些在一定物种中的来源于基因复制的蛋白，可能会进化出新的与原来有关的功能。我们将鉴定到的 1 721 个蛋白和 COG 数据库进行比对，预测这些蛋白可能的功能并对其做功能分类统计。如图 4 – 13 所示。大部分蛋白是功能蛋白，有 292 个；蛋白质修饰，转运，蛋白分子伴侣有 190 个，参与核糖体的合成，蛋白翻译的蛋白有 160 个，其次就是能量转化，信号转导及运输转运蛋白，也有参与各种代谢的蛋白存在。蛋白分子伴侣在新生多肽链的折叠中发挥作用，对错误折叠的蛋白具体降解和再折叠的作用。核糖体是蛋白质合成的主要场所，核糖体蛋白是组成核糖体的主要成分，参与 DNA 修复、细胞发育调控和细胞分化等。许多核糖体蛋白除生物合成外还有独立的蛋白质合成作用。

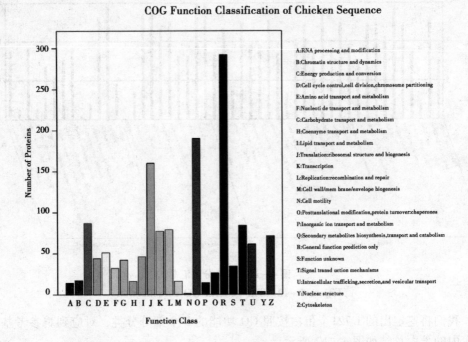

图 4 - 13　COG 分类
Figure 4 - 13　The COG classification

4.3.5　差异蛋白分析

4.3.5.1　差异蛋白统计

我们将鸡源 NDV-GM、鸭源 NDV-GM 感染 CEF 细胞样品与空白样品 C 相比统计得到差异蛋白，当差异倍数达到 1.2 倍以上，且经统计检验其 p-value 值小于 0.05 时，视为差异蛋白。结果如图 4 - 14 所示。空白 C 与 NDV-GM 感染组相比，有 27 个差异蛋白，其中 NDV-GM 感染组中上调的蛋白有 11 个，下调的蛋白有 16 个，空白 C 与 NDV-YC 感染组向比有 28 个差异蛋白，其中，NDV-YC 感染组有 13 个蛋白上调，15 个蛋白下调。

4.3.5.2　差异蛋白 GO 功能显著性和 Pathway 富集分析

对筛选出的差异蛋白进行 GO 功能显著性富集分析，找出与下差异蛋白显著相关的生物学功能。该分析首先把所有差异蛋白质向 Gene Ontology 数据库（http://www.geneontology.org/）的各个 term 映射，计算每个 term 的蛋白质数目，然后应用超

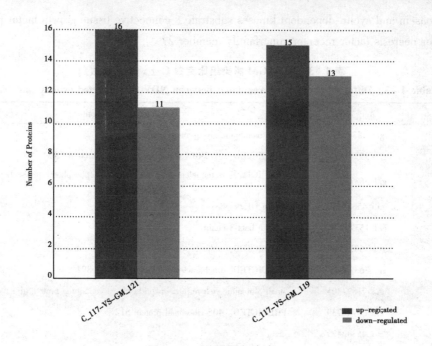

图 4 – 14 差异蛋白统计

Figure 4 – 14 Statistics of differentially expressed proteins

几何检验，找出与所有蛋白质背景相比，在差异蛋白质中显著富集的 GO 条目。其计算公式为：

$$P = 1 - \sum_{i=0}^{m-1} \frac{\binom{M}{i}\binom{N-M}{n-i}}{\binom{N}{n}}$$

其中，N 为所有蛋白中具有 GO 注释信息的蛋白数目，n 为 N 中差异蛋白的数目，M 为所有蛋白中注释到某个 GO 条目的蛋白数目，m 为注释到某个 GO 条目的差异蛋白数目。计算得到 P-value 值，以 P-value≤0.05 为阈值，满足此条件的 GO term 定义为在差异蛋白质中显著富集的 GO term。通过 GO 显著性分析能确定差异蛋白性行使的主要生物学功能。

NDV-GM 感染组与空白 C 相比，差异蛋白如表 4 – 3 和表 4 – 4 所示。tubulin beta-3 chain 是一种结构蛋白，能够聚合并且参与细胞分裂，有 GTP 结合位点。新城疫病毒有抗肿瘤的作用，主要表现在 3 个方面：病毒可促进宿主产生细胞因子，如 IFN、TNF 和 IL 等；NDV 可直接对肿瘤细胞产生细胞毒作用，加强肿瘤抗原的免疫原性，通过宿主免疫机制杀伤肿瘤细胞；NDV 可激活患瘤机体的免疫细胞，活化免疫细胞对肿瘤细胞的毒性作用（古长庆等，2000）。鉴定的差异蛋白中与肿瘤相关的蛋白有 nuclear ubiquitous casein and cyclin-dependent kinases substrate, connective tissue growth factor precursor 和 tumor necrosis factor receptor superfamily member 27。

表 4-3 NDV-GM 感染组比空白 C 上调的差异蛋白

Table 4-3 Different proteins up regulated between NDV-GM infected grounp and blank

No.	Accession	Desription [Gallus gallus]
1	gi ∣ 45383398	thy-1 membrane glycoprotein precursor
2	gi ∣ 363743848	PREDICTED: U6 snRNA-associated Sm-like protein LSm4
3	gi ∣ 363732348	PREDICTED: ectonucleotide pyrophosphatase/phosphodiesterase family member
4	gi ∣ 45384240	serpin H1 precursor
5	gi ∣ 153792017	tubulin beta-3 chain
6	gi ∣ 363735638	PREDICTED: delta-1-pyrroline-5-carboxylate synthase
7	gi ∣ 363740732	PREDICTED: uncharacterized protein LOC769894
8	gi ∣ 71897305	small glutamine-rich tetratricopeptide repeat-containing protein alpha
9	gi ∣ 50742739	PREDICTED: 40S ribosomal protein S12
10	gi ∣ 45382429	ezrin
11	gi ∣ 45382979	destrin

表 4-4 NDV-GM 感染组比空白 C 下调的差异蛋白

Table 4-4 Different proteins down regulated between NDV-GM infected grounp and blank

No.	Accession	Desription [Gallus gallus]
1	gi ∣ 45383530	amyloid beta A4 protein precursor
2	gi ∣ 71896015	protein CYR61 precursor
3	gi ∣ 46048651	solute carrier family 2, facilitated glucose transporter member 3
4	gi ∣ 71896385	periostin precursor
5	gi ∣ 47087173	nuclear ubiquitous casein and cyclin-dependent kinases substrate
6	gi ∣ 118090133	PREDICTED: ras GTPase-activating protein-binding protein 2
7	gi ∣ 45384002	cathepsin D precursor
8	gi ∣ 363739019	PREDICTED: sequestosome-1 isoform 1
8	gi ∣ 363739021	PREDICTED: sequestosome-1 isoform 2
8	gi ∣ 363739023	PREDICTED: sequestosome-1 isoform 3
9	gi ∣ 56605972	activated RNA polymerase Ⅱ transcriptional coactivator p15
9	gi ∣ 363747248	PREDICTED: activated RNA polymerase Ⅱ transcriptional coactivator p15-like
10	gi ∣ 56710334	SMC1 protein cohesin subunit
11	gi ∣ 61098206	YTH domain family protein 1
12	gi ∣ 60302790	integral membrane protein 2A

（续表）

No.	Accession	Desription［Gallus gallus］
13	gi｜45384172	ferritin heavy chain
14	gi｜45383590	connective tissue growth factor precursor
15	gi｜61097977	C-terminal-binding protein 1
15	gi｜154816153	C-terminal binding protein-like
16	gi｜134085730	tumor necrosis factor receptor superfamily member 27

　　NDV-YC 感染组与空白 C 相比，差异蛋白如表 4－5 和表 4－6 所示。其中，包括一些结构蛋白 tubulin beta-3 chain 等，也有与病毒肿瘤相关的蛋白，包括 metalloproteinase inhibitor 3 precursor、transforming growth factor-beta-induced protein ig-h3 precursor 、connective tissue growth factor precursor 和 tumor necrosis factor receptor superfamily member 27。transforming growth factor-beta-induced protein ig-h3 precursor 蛋白简称 TGFβ 蛋白，是一类分泌型多肽类生长因子，主要包括 TGFβ、活化素、抑制素和骨形态形成蛋白等。目前，研究（Lampropoulos et al.，2011；Santibanez et al.，2010）表明，TGF 信号途径不仅在细胞及生物体生长和发育过程中起重要作用，而且与人体肿瘤的发生、发展有密切关联，信号转导途径中任一元件的异常都可引起 TGF 信号转导紊乱，从而导致肿瘤的发生。

表 4－5　NDV-YC 感染组比空白 C 上调的差异蛋白
Table 4－5　Different proteins up regulated between NDV-YC infected grounp and blank C

No.	Accession	Desription
1	gi｜71895661	protein LBH
2	gi｜71894843	fatty acid-binding protein，heart
3	gi｜363743852	PREDICTED：gamma-interferon-inducible lysosomal thiol reductase
4	gi｜45382219	proactivator polypeptide precursor
5	gi｜153792017	tubulin beta-3 chain
6	gi｜363729787	PREDICTED：isopentenyl-diphosphate Delta-isomerase 1
7	gi｜45384002	cathepsin D precursor
8	gi｜363739019	PREDICTED：sequestosome-1 isoform 1
8	gi｜363739021	PREDICTED：sequestosome-1 isoform 2
8	gi｜363739023	PREDICTED：sequestosome-1 isoform 3
9	gi｜56605886	plastin-2
10	gi｜49169816	glutathione S-transferase
11	gi｜71897305	small glutamine-rich tetratricopeptide repeat-containing protein alpha
12	gi｜71894773	protein flightless-1 homolog
13	gi｜45382429	ezrin

表 4 - 6   NDV-YC 感染组比空白 C 下调的差异蛋白

Table 4 - 6   Different proteins down regulated between NDV-YC infected grounp and blank C

No.	Accession	Desription
1	gi丨61098206	YTH domain family protein 1
2	gi丨45382757	metalloproteinase inhibitor 3 precursor
3	gi丨363727923	PREDICTED：metalloproteinase inhibitor 3-like, partial
4	gi丨57525358	RNA polymerase II-associated protein 3
5	gi丨45384294	transforming growth factor-beta-induced protein ig-h3 precursor
6	gi丨118091246	PREDICTED：60S ribosomal protein L27a
7	gi丨71896385	periostin precursor
8	gi丨57525368	methionine aminopeptidase 2
9	gi丨118085001	PREDICTED：microtubule-associated tumor suppressor candidate 2
10	gi丨363732741	PREDICTED：cationic amino acid transporter 3
11	gi丨125628642	ADP-ribosylation factor-like protein 1
12	gi丨45383590	connective tissue growth factor precursor
13	gi丨310772202	serine/arginine-rich splicing factor 5a
14	gi丨57530757	protein-glutamine gamma-glutamyltransferase 4
15	gi丨134085730	tumor necrosis factor receptor superfamily member 27
16	gi丨118094109	PREDICTED：uncharacterized protein LOC427100

  Pathway 显著性富集分析方法同 GO 功能富集分析，是以 KEGG Pathway 为单位，应用超几何检验，找出与所有鉴定到蛋白背景相比，在差异蛋白中显著性富集的 Pathway。通过 Pathway 显著性富集能确定差异蛋白参与的最主要生化代谢途径和信号转导途径。图 4 - 15 是 TGF 信号通路图，红色表示上调蛋白，其中包括 TGFβ 的受体 TGFβRI 上调，肿瘤细胞耐受 TGFβ 的生长抑制，主要表现在受体的改变，其表达量升高可以在正常组织内抑制细胞增殖（张波等，2007）。

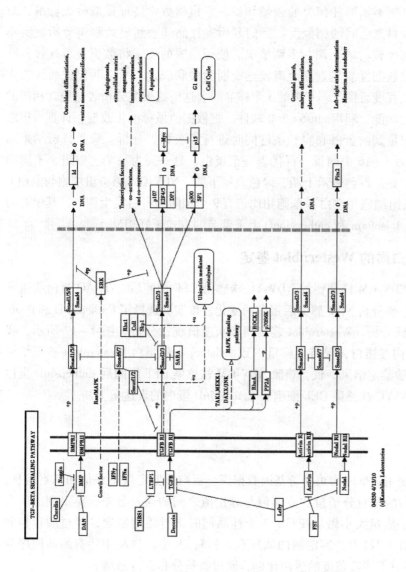

图 4-15　TGF 信号通路

Figure 4-15　TGF Signaling pathways

4.3.5.3 差异蛋白表达模式聚类分析

聚类分析是模式识别和数据挖掘中普遍使用的一种方法,是基于数据的知识发现的有效方法。聚类分析不需要任何先验领域知识,它根据数学特征提取分类标准,对数据进行分类,发现对象之间的相似度。我们利用多样品间表达模式聚类分析观察不同蛋白在不同样品间比较时的上调、下调情况。使用最短的枝干将数据进行连接,欧氏距离较近说明两组数据性质较近,距离较远说明为关联较远。所以我们进行聚类作图从而观察数据相近程度。图4-16中的3个样品间表达模式聚类分析表达模式相似的蛋白通常具有相似的功能,利用 cluster 3.0 软件。把数据值做标准化改变,计算数据之间的欧氏距离,对定量到的蛋白和实验条件同时进行等级聚类分析,聚类分析结果用 javaTreeview 显示。图4-16中的每一行代表一个蛋白,每一列为一个比较组,不同颜色表示不同的差异倍数。红色表示上调,绿色表示下调。NDV-GM 感染组细胞与空白 C 相比,NDV-YC 感染组细胞与空白 C 细胞相比,有9个相同的蛋白发生调节,其中有两个蛋白 sequestosome-1 isoform 和 cathepsinD 上下调节的方式正好相反。

4.3.5.4 差异蛋白质的 Westernblot 鉴定

为了验证鸡源 NDV-GM 株和鸭源 NDV-YC 株感染 CEF 细胞后,iTRAQ 蛋白质组学鉴定结果,以及进一步分析 NDV 感染后蛋白的变化,该实验选择了 CathepsinD 和 β-actin 两个蛋白进行验证分析。Westernblot 鉴定图和灰度值统计分析如图4-17所示,我们选取 β-actin 作为内参蛋白,保持上样量一致,CathepsinD 蛋白 Westernblot 验证结果与 iTRAQ 蛋白质组学鉴定结果一致,鸡源 NDV-GM 株感染 CEF 细胞后 CathepsinD 蛋白的表达量下调,NDV-YC 株感染 CEF 细胞后 CathepsinD 蛋白的表达量上调。

4.4 小结

第一,本实验使用数据库为鸡参考基因数据库。蛋白质鉴定质量评估和基本信息,对所有匹配到的肽段的相对分子量的真实值与理论值之间的误差分布,鉴定到的所有蛋白依据其相对分子质量大小做出统计,3个样品同时进行质谱鉴定,经过质量控制后,鉴定到的蛋白有1 721个,鉴定到的肽段有5 815,其中,样品中特有的肽段序列片段有5 555个。还对不同覆盖度的蛋白比例,肽段数量分布进行总结。

第二,我们针对鉴定出的所有1 721个蛋白进行 GO 功能注释分析,针对3个 ontology(cellular component, biological process, molecular function)中所涉及的 GO 条目,列出所有相应的蛋白的 ID 及蛋白个数,同时做出统计图,略去没有相应蛋白的 GO 条目。结果表明这些蛋白的功能主要涉及转录调节、结构、转运、免疫反应和其他功能

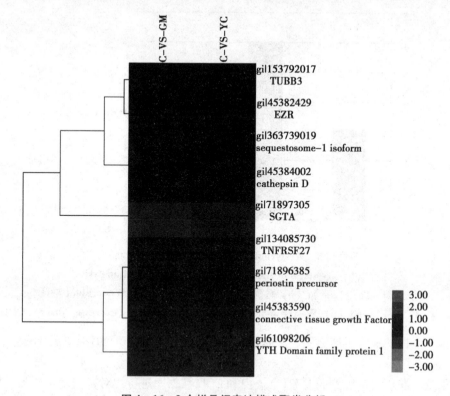

图 4 – 16　3 个样品间表达模式聚类分析

Figure 4 – 16　Expression pattern of cluster analysis in three samples

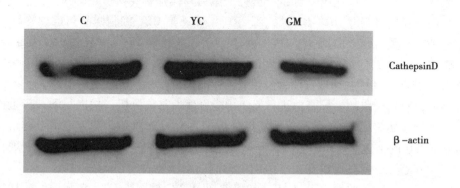

（a）Westernblot 验证

（a）Westernblot confirmation

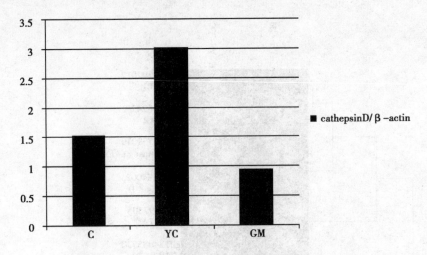

（b）Westernblot 条带的灰度值统计学分析
（b）Westernblot bands of gray value statistical analysis
图 4 – 17　（a）和（b）差异表达蛋白 CathepsinD 的 Westernblot 验证
Figure 4 – 17　（a）and（b）Westernblot confirmation of differently expressed protein CathepsinD

等，这些蛋白主要位于细胞质、细胞膜和细胞器（线粒体和溶酶体），还有一些属于分泌性蛋白。

第三，我们将鉴定到的 1 721 个蛋白和 COG 数据库进行比对，预测这些蛋白可能的功能并对其做功能分类统计。大部分蛋白是功能蛋白，有 292 个；蛋白质修饰，转运，蛋白分子伴侣有 190 个，参与核糖体的合成，蛋白翻译的蛋白有 160 个，其次就是能量转化，信号转导及运输转运蛋白，也有参与各种代谢的蛋白存在。蛋白分子伴侣在新生多肽链的折叠中发挥作用，对错误折叠的蛋白具体降解和再折叠的作用。

第四，我们将鸡源 NDV-GM，鸭源 NDV-GM 感染 CEF 细胞样品与空白样品 C 相比统计得到差异蛋白。空白 C 与 NDV-GM 感染组相比，有 27 个差异蛋白，其中，NDV-GM 感染组上调的蛋白有 11 个，下调的蛋白有 16 个，空白 C 与 NDV-YC 感染组向比有 28 个差异蛋白，其中，NDV-YC 感染组有 13 个蛋白上调，15 个蛋白下调。

第五，对筛选出的差异蛋白进行 GO 功能显著性富集分析，找出与下差异蛋白显著相关的生物学功能。Pathway 显著性富集分析 TGF 信号通路图，红色表示上调蛋白，其中包括 TGFβ 的受体 TGFβRI 上调，肿瘤细胞耐受 TGFβ 的生长抑制，主要表现在受体的改变，其表达量升高可以在正常组织内抑制细胞增殖。

第六，为了验证鸡源 NDV-GM 株和鸭源 NDV-YC 株感染 CEF 细胞后，iTRAQ 蛋白质组学鉴定结果，以及进一步分析 NDV 感染后蛋白的变化，该实验选择了 CathepsinD 和 β-actin 两个蛋白进行验证，分析 CathepsinD 蛋白 Westernblot 验证结果与 iTRAQ 蛋白质组学鉴定结果一致。

::: 第五章 :::

全文讨论与结论

5.1　全文讨论

5.1.1　2株不同来源新城疫病毒的生物学特征与病毒感染

新城疫（Newcastle disease，ND）由新城疫病毒（NDV）引起，是一种能够感染多种禽类的急性、高度传染性疫病，是危害世界养禽业的重要传染病之一，给我国的养禽业造成巨大的经济损失（Aldous et al.，2001）。虽然NDV只有一个血清型，不同基因型毒株之间的生物学特性却存在明显差异。NDV在近几十年里发生了很大的变化，NDV宿主范围在不断扩大，目前部分水禽从天然储存宿主成为易感动物。目前，在我国的养禽业中，鸡、鸭、鹅等家禽饲养密度高，混养现象普遍，不同禽类之间NDV的传播现象比较严重，ND制约着我国养禽业的发展以及禽产品的出口。

在1997年以前，人们一直认为水禽不易感染新城疫，即使感染，也只是隐性带毒，不能引起发病。1997年，首次发表"疑似鹅副黏病毒感染初报道"以来，在我国的江苏省、广东省、山东省、河北省和吉林省等省份都相继报道了鹅群感染新城疫发病的报道（辛朝安等，1997）。新城疫病毒对水禽的致病力逐渐增强，水禽（鹅、鸭、企鹅等）不再仅是新城疫的宿主和储存库，已成为禽1型副黏病毒的易感禽类。王珏等（王珏等，2008）用鸭源分离株WF00D的尿囊毒经肌注途径分别人工接种10日龄雏鸭和4周龄非免疫鸡，结果两者都发病，病死率分别为66.70%和100%。本研究将NDV-GM株和NDV-YC株对4周龄SPF鸡、16日龄非免疫白鸭和非免疫番鸭进行滴鼻点眼自然感染，2株病毒对4周龄SPF鸡致病性试验显示攻毒组死亡率均为100%，鸭源病毒NDV-YC株对番鸭致死，且2周龄内的番鸭较为敏感。

F基因ORF长1 662nt，编码553个氨基酸。F蛋白位于病毒的囊膜上，呈纤突状，是病毒感染细胞所必须的重要的成分。F蛋白裂解位点是决定NDV毒力的最主要因素之一。F蛋白在病毒侵染过程中，介导病毒与宿主细胞之间的细胞融合作用，F_0蛋白

79

被裂解为 F_1 和 F_2 两个亚单位具有感染性和融合活性（Peeters et al.，2000）。而决定 F 蛋白裂解活性高低的是 F_0 蛋白裂解位点（112～117 aa）的氨基酸组成和序列。关于 F 蛋白裂解位点的序列分析可以用来代替传统的毒力指数如 MDT、ICPI 来预测病毒的致病性（Panda et al.，2004），裂解位点的不同直接影响病毒的毒力强弱。研究表明，NDV 强毒株在该区氨基酸序列有多个碱性氨基酸的插入，能够裂解强毒株 F 蛋白的蛋白酶广泛存在于各种组织和器官中，因此，能够导致致命的全身性感染，形成高致病力（Rout et al.，2008）。强毒株裂解位点的氨基酸序列为 112R-R-Q-K/R-R-F117，弱毒株裂解位点的氨基酸序列为 112G-R/K-Q-G-R-L117。NDV-GM 株 F 蛋白裂解位点的序列为 RRQKRF，NDV-YC 株蛋白质裂解位点序列为 RRQRRF，有多个碱性氨基酸的插入，符合 NDV 强毒株的分子特征。

　　F 蛋白是位于 NDV 囊膜表面的糖蛋白，糖基化侧链的变化将直接影响其抗原性，因此糖基化位点的变化是进行 F 蛋白变异分析的重要参数之一。本论文选取的 2 个毒株 F 蛋白均存含有 6 个潜在的糖基化位点，分别为 85NRT、191NNT、366NTS、447NIS、471NNS 和 541NNT，除了在 191 位，强毒株为 NNT，弱毒株为 NKT 外，其余几个潜在的糖基化位点均高度保守。F 基因系统进化树显示，NDV-GM 株属于基因Ⅶ型，NDV-YC 株属于基因Ⅸ型。

　　HN 蛋白是 NDV 囊膜表面较大的纤突样糖蛋白。兼有血凝素和神经氨酸酶两种活性（Sakaguchi et al.，1989；Scheid et al.，1974）。不同的 NDV 毒株的 HN 基因长度均为 2 002nt。根据多肽的长度不同，HN 分为 HN0616、HN577 和 HN571 3 种类型。HN0616 与 F_0 蛋白相似，是无生物活性的前体，通过水解切除 C 端约 45 个氨基酸残基后，才能转化成有生物活性的 HN 分子。HN0616 仅存在于低毒力株（如 D26，Ulster，Queensland 等毒株）中，HN577 和 HN571 为具有生物活性的分子，为强弱毒株所共有，二者氨基酸数目的差异可能是点突变造成的（Sakaguchi et al.，1989）。它 HN 的血凝素成分负责识别易感细胞的含唾液酸的受体并吸附上去，因此，HN 是决定病毒组织嗜性的重要因素。神经氨酸酶则有分解和破坏受体的能力，并促进新生的病毒粒子从感染的细胞膜上释放。HN 如何与受体结合的机理尚不清楚，但是，有研究表明，HN 结合受体时不仅能融合自己的 F 蛋白，还可以融合异性蛋白，这是 F 蛋白中球头部介导受体结合起了重要作用（Porotto et al.，2012）。糖基化作用对于 HN 转运到细胞表面无作用，但对于神经氨酸酶活性则是必需的（Hodder，1994）。本研究中 GM 株和 YC 株的 HN 蛋白长度均为 571 个氨基酸，均含有 5 个相对保守的潜在糖基化位点。

　　新城疫病毒在细胞培养诱导细胞病变效应（CPE）的特点是圆，空泡化，合胞体的形成和细胞死亡。除了 F 蛋白和 HN 蛋白融合作用导致细胞病变外，还可以通过 P53 和 BAK 途径引起细胞凋亡（Ravindra et al.，2009；Wang et al.，2010）。本研究还研究病毒对的细胞嗜性，将 NDV-GM 株和 NDV-YC 株 100TCID50 感染 DF-1 细胞，NDV-GM 株接种 DF-1 细胞后 22h 即可出现病变，而 NDV-YC 株最早出现病变的时间为接种后 24h，两毒株接种后细胞上清 HA 效价的峰值及达峰的时间相似，接种后 70h 左右达到峰值，NDV-GM 株在接种后 60h 细胞培养物上清中的 HA 效价达到峰值 5log2。NDV-YC 株在接种后 70h 达到峰值 6log2。推测 NDV-YC 株对细胞的致病性略强于 NDV-GM 株，作用时间比较长。

新城疫病毒的生物学特征反应出病毒基因序列、致病性情况，病毒致病性发生变化，尤其是鸭源病毒 NDV-YC 株发生致病性变化，实验结果显示，对番鸭致死。2 株病毒将对宿主同时产生了哪些共同效应，造成鸭源病毒致病性发生变化的机理是什么呢？这一问题有待进一步实验分析。

5.1.2　数字化表达谱和蛋白质组在 NDV 发病机制中的研究

病毒致病是病毒和细胞相互作用的结果，细胞上的存在病毒受体，病毒附着和进入细胞依靠细胞表面特殊结构的存在，这种结构能被病毒附着蛋白所识别。细胞表面受体可能仅限于一种质膜受体。识别结构可能是普遍分布的，例如，唾液酸是细胞表面流感病毒、副黏病毒、多瘤病毒和脑心肌炎病毒受体的基本物质。本研究通过数字化表达谱和蛋白组学技术，从宿主角度研究细胞中的变化，以期寻到致病关键因素。

数字化表达谱技术是可以高通量测序细胞宿主基因，与参考基因库比对获得更多更全面的基因信息。这项技术于 2009 年最新报道运用于斑马鱼宿主基因表达谱测序，分析感染结核分枝杆菌后的斑马鱼与健康的斑马鱼之间的基因差异，获得大量的基因信息（Hegedus et al.，2009）。目前，该技术已经用于多方面研究。在国内应用比较广泛，有用于蓝耳病病毒，布鲁氏杆菌等方面的研究，研究表明，该方法比传统的基因芯片更准确，获得更多的信息量。

iTRAQ 技术自 2004 年开发以来，以其独特的优势在蛋白质组学定量研究中得到了广泛的应用。目前，它可以同时对多达 8 种样品进行分析，且应用范围广。Golovan 等利用 iTRAQ 技术处理了猪肝细胞中的 1 476 种蛋白，对其中 880 种蛋白进行分析，在错误识别率小于 5% 条件下，他们发现一些与能量代谢、分解代谢、生物合成、电子传递、氧化还原酶类反应等有关的蛋白含量都大大增加了，这些蛋白在肝脏作为化学和能量工厂这一角色中都起着重要的作用。同时，他们还将人类、小鼠和猪的肝脏蛋白进行了比较分析，发现三者 80% 蛋白都是一样的（Golovan et al.，2008）。

蛋白质是生理功能执行者和生命现象直接体现者。其在细胞增殖、分化、衰老和凋亡等生命活动发挥作用中，其表达量的差异不仅表现在时空、种类和数量，还有外界环境刺激，包括生物或非生物因素等刺激能显著影响基因表达和蛋白质合成。因此，只有通过蛋白质组学研究，才能更加贴近地掌握生命的现象和本质，找到生命活动规律。本研究通过 iTRAQ 蛋白质组学研究平台，运用蛋白质组学研究策略，对不同来源 NDV 感染 CEF 差异表达蛋白质的研究，旨在寻找 CEF 中因 NDV 感染而异常表达的蛋白质分子，鉴定这些差异表达的蛋白质并分析其生物功能，为进一步探明 NDV 致病机制提供实验依据。结果表明，这些蛋白的功能主要涉及转录调节、结构、转运、免疫反应和其他功能等，这些蛋白主要位于细胞质、细胞膜和细胞器（线粒体和溶酶体），还有一些属于分泌性蛋白。

在肿瘤发生中，TGFβ 具有抑制早期肿瘤发生和促进晚期肿瘤迁移扩散的作用（Yang，2010）。研究证实：$TGFβ_1$ 是人体内主要的存在形式。$TGFβ_1$ 在多种肿瘤细胞中过度表达，肿瘤细胞耐受 $TGFβ_1$ 介导的生长抑制作用，表现为 $TGFβ_1$ 受体改变。因此，信号转导通路 TGF 中任一因子失活，均可导致 TGF 信号传导途径中断，细胞生长失控，引起细胞突变，诱发肿瘤。本研究结果显示：TGFβ 的受体 TGFβRI 上调，肿瘤细胞耐受 TGFβ 的生长抑制。

细胞骨架是由微丝（microfilaments）、微管（microtubules）和中间丝（intermediate filaments）3 种结构组成的三维网状结构，动态分布于细胞内。研究表明，细胞骨架在病毒的感染过程中发挥着重要的作用，不同病毒采用不同的方式利用宿主细胞的骨架系统以顺利完成整个生命周期（Dohner et al.，2005）。在 NDV 感染宿主的 RNA 合成期间，RNP（核糖核蛋白复合物）能和细胞骨架结合，结果表明，细胞骨架成分与病毒的 RNA 合成有关（Hamaguchi et al.，1985）。微丝又称肌动蛋白纤维，具有极性，通过聚合、聚集和重排的动态变化发挥着不同的生理功能（Rogers et al.，2000）。综上所述，细胞骨架在病毒的侵入、复制、感染和出芽等过程中发挥重要的作用。本研究中微管蛋白 TUBB 参与微管组装、细胞运动、物质运输、能量转换、信息传递以及细胞分化。深入研究这些差异表达蛋白的生物功能，将有助于发现不同遗传背景 NDV 对宿主细胞的复制机制和致病机理的本质区别。

这些蛋白在表达量上发生了显著的变化，提示这些蛋白在不同程度上以及通过不同途径参与了 NDV 感染 CEF 后引起细胞内蛋白代谢模式和信号传导通路的变化，为进一步了解 NDV 的致病机理以及不同基因型 NDV 感染细胞的本质区别提供了实验依据。

5.1.3 数字化表达谱和蛋白质组之间的关联

生命体是一个多层次，多功能的复杂结构体系，高通量技术的发展积累了大量的组学数据，这使得由精细的分解研究转向系统的整体研究成为可能，整合多组学数据能够实现对生物系统的全面了解。当部分层面上的研究都逐渐走向完善的时候，从部分到整体就是一种必然发展趋势。相关研究表明，基因表达不仅仅是从转录组到蛋白质组的单向流动，而是两者的相互连接。对这种功能调控的了解通常只限于特殊的信号途径，要了解转录水品基因和蛋白质之间的相互调控作用，就需要对 RNA 和蛋白质的表达进行同步监测。正如 RNA 可作为部分生物学功能的酶反应的效益物一样，蛋白质也是大多数生物学功能的效益物。因此，蛋白质水平广泛的基因组分析是基因表达更直接的反映。质谱技术的发展，使得定量的蛋白组学研究成为可能。然而，当细胞适应了转录水平、转录后（如 mRNA 的剪接）、翻译后（蛋白降解和输出）的精细调控机制后，转录物和蛋白质丰度测量结果可能会不一致。因此，定量的转录物和蛋白质丰度测量可作为相互的标准，为高通量分析得出的基因表达数据做出合理的解释。正如蛋白质和 RNA 之间类似点可以增加我们对新的生物标记的信任度一样，差异也能暗示我们"其他的转录后调控结合点可作为重要的调控研究靶点"。在蛋白组学分析过程中，一些研究选择了双向凝胶电泳（2-DE）分析蛋白质混合物。要么是对不同的凝胶染色，要么是让不同的细胞与不同的染料相结合，通过斑点染色亮度可以看到蛋白质的亮度。随后用质谱仪对分离出的定量凝胶斑点进行鉴定，与转录组学分析不同的是，双向凝胶电泳分析的鉴定结果与定量分析是散耦合（de-coupled）。液相色谱法（LC）是作为一种替代 2-DE 的蛋白质分析方法而出现的。LC-MS 分析是典型的"自下而上（Bottom-Up）"分析方法，通常要用特异的蛋白酶（如胰蛋白酶）将蛋白质消化为肽段。与 2-DE 不同，LC-MS 对肽的定量和鉴定是同时进行的，可以选择定量的 MS 峰（m/z）用于鉴定，通过肽段的信息推测对应蛋白质的定量信息。虽然采用的技术不同，迄今为止公开发表的整合分析文章中，都指出了转录组学和蛋白组学的重要性。转录组学或蛋白组学通常只考虑调节系统和分解作用平衡态的净效应，实际上，出现的不一致性只是合成与降解两种替换过程中的一种反映。科学家可能对变化过程中的机制更感兴趣。

正如中心法则预测的那样，在转录基因和蛋白质水平，如果只能通过严格的转录调控去控制蛋白质的合成，细胞是不太可能选择精细调节机制的。当点对点进行比较时，蛋白质和转录物之间的一致性通常很弱，这些观察说明了"从个体基因座的局部分析扩展到功能途径系统分析"的重要性。转录组学和蛋白组学都是研究系统的生理化学状态的有用工具。当然，没有一种工具可以为系统提供完全的覆盖范围及相应的精确度。问题的核心，不是用工具找出 mRNA 和蛋白质之间一对一的相互关系，而是要用它们区别出真阳性和假阳性，即区别出真正的 mRNA-蛋白质一致性或者是不一致性。没有这些整体分析，就无法观察到真正的 mRNA-蛋白质不一致性，并且这些不一致性要比一致性更吸引科学家，因为它们透露出的更多的转录后干涉情况。更重要的是，在转录物和蛋白质水平上的整合表达分析，能对整体的基因-基因相互作用网进行描述，提供单个基因活性中的功能内容，这些内容会影响到生物学功能。新的分析软件工具将帮助研究者储存在蛋白组学和转录组学中新出现的高通量技术的全部力量。

虽然转录组和蛋白质组在实验方法上差异很大，但由于这两种方法的首要目的都是获得基因的表达情况，其间存在着某种共同之处。从生物学角度上看，mRNA 水平代表了基因表达的中间状态，能代表着潜在的蛋白质表达情况。转录组能在较低消耗下实现较高的通量，并能在某种程度上提供较详细的信息。然而蛋白质是直接的功能执行体，因而，对蛋白质表达水平的度量有着不可取代的优势。最近的文献也明确报道了转录组和蛋白质组的部分不相关或负相关的结果，并且用统计方法证明了这种显著差异很大程度上是由生物学因素造成的，而不仅仅是噪声，说明了基因表达情况不能单纯用转录组的方法解决。由于这两种不同的表达谱研究手段的不完全性和互补性，现有的研究倾向于综合转录组和蛋白质组的研究，目的如下。

①获得一个表达谱的"全景图"，并实现其间的互补和整合，对生物体特定状态下的基因和蛋白质表达水平进行全方位分析。

②通过全局上获得对差异表达谱的广泛理解，挖掘受转录后调控的关键蛋白/基因，寻找验证某些重要的生物学调控，这种研究方式在基础研究上已经有不少报道。

③对于一些蛋白数据库少的物种，通过转录组数据构建蛋白质搜索库，大幅度提高蛋白鉴定数，这同时也是本方案的一大亮点。由于转录组和蛋白质组的比较关联研究能揭示基因表达的转录后调控状态，因此，转录组和蛋白质组之间的关系很可能将是未来的系统生物学研究中不可忽略的一部分。

本实验采用的数字化表达谱技术是从转录水平测得基因，并得到大量基因信息，iTRAQ 蛋白质组学分析是从蛋白质角度分析蛋白的功能等信息，两者都是选用 NDV 的宿主细胞进行测定，虽然时间点不同，细胞选用的都是鸡源成纤维细胞，试图从转录和蛋白水平的关联分析探索 NDV 致病性机理，旨在挖掘物种基因层面表达量信息与蛋白层面定量信息的潜在关联性，以求发现生物学过程中基因蛋白质相互调控表达的定量关系，寻找验证某些生物学意义。蛋白组与转录组组装结果关联将基于参考基因得到的蛋白质鉴定结果和转录组结果进行关联，当某一个蛋白被鉴定到且在转录组水平有表达量的信息时，被认为关联到。差异蛋白质与基因关联性分析差异蛋白质与基因关联性分析是指对于差异蛋白和差异基因，本实验最终关联到的结果如图 5-1 所示；NDV-GM 株鉴定到的 1 721 组蛋白中共有 964 组被关联到，NDV-YC 株鉴定到的 1 721 组蛋白中共有 968 组被关联到如图 5-1 所示。

5.2　全文结论

第一，生物学特性研究表明新城疫毒株鸡源 NDV-GM 和鸭源 NDV-YC 株 F 基因均含有保守的 6 个潜在糖基化位点残基处，HN 蛋白均含有 5 个相对保守的潜在糖基化位点。裂解位点分析结果表明这两株 NDV 具有强毒株的分子特征。F 基因系统进化树显

Venn chart for C–VS–GM

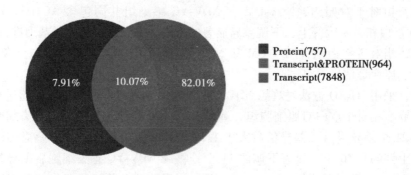

Protein(757)
Transcript&PROTEIN(964)
Transcript(7848)

Venn chart for C–VS–YC

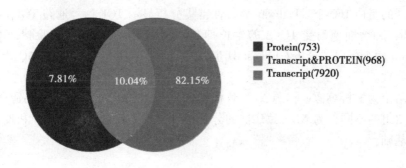

Protein(753)
Transcript&PROTEIN(968)
Transcript(7920)

图 5 – 1　差异蛋白质与基因关联性分析

Figure 5 – 1　The differences in protein and gene association analysis

示 NDV-GM 株属于基因Ⅶ型，NDV-YC 株属于基因Ⅸ型。生物学特性指数检测结果表明 2 株病毒均为强毒株。细胞致病性结果显示 2 株病毒接种细胞后均有细胞病变，接种后 70h 左右达到峰值。动物致病性实验结果显示 2 株病毒对 SPF 鸡均有致死性，鸭源病毒 NDV-YC 对 2 周龄以内的番鸭有致死性。

第二，应用第二代测序技术的数字表达谱（Digital Gene Expression Tag Profile, DGE）对 NDV-GM、NDV-YC 病毒 DF-1 细胞感染组和对照组 DF-1 细胞 3 个样品进行高通量测序，共获得约 540 万个总库序列标签 Tag 数，其中包括：差异基因序列标签 Tag

数为 274 108 个。NDV-GM、NDV-YC DF-1 细胞感染组与对照组 DF-1 细胞比较显示差异基因有变化。GO 总基因分析结果显示，相对于对照组，NDV-GM 感染组测序得到差异基因 2 435 个，NDV-YC 感染组测序得到 1 922 个差异基因。差异表达基因进行聚类分析结果显示，相对于对照组，NDV-GM 和 NDV-YC 感染组共同包含 ACTR3、HSP25 和 TXNDC10 蛋白相关基因等上、下调差异显著的基因。对筛选出的差异基因进行 Pathway 分析显示，相对于空白组，NDV-GM 和 NDV-YC 感染组均发现基因参与到免疫过程、细胞凋亡、癌症等信号通路。

第三，采用 iTRAQ 方法对鸡源 NDV-GM 和鸭源 NDV-YC 感染 CEF 细胞进行了蛋白质组学研究。相对于空白对照细胞组，鸡源 NDV-GM 和鸭源 NDV-YC 感染细胞 24h 后检测到 1721 个差异蛋白（差异倍数大于 1.5），其中，鸡源 NDV-GM 感染细胞后差异蛋白显著上调的有 16 个，显著下调的 11 个，鸭源 NDV-YC 感染细胞后差异蛋白显著上调的有 15 个，显著下调的 13 个。这些差异蛋白主要包括连接蛋白（54.42%）、细胞成分蛋白（24.64%）、分解代谢蛋白（13.13%）和应激蛋白（6.36%）等相关蛋白等。通过 COG 数据库进行比对，预测这些蛋白可能的功能并对其做功能分类统计，主要包括功能蛋白 292 个，蛋白质修饰、转运、蛋白分子伴侣 190 个，参与核糖体的合成、蛋白翻译的蛋白 160 个。Pathway 显著性富集分析显示 TGF 信号通路 TGFβ 的受体 TGFβRI 上调，肿瘤细胞耐受 TGFβ 的生长抑制。应用 Westernblot（实验验证 CathepsinD 和 β-actin 两个蛋白，分析 CathepsinD 蛋白 Westernblot 验证结果与 iTRAQ 蛋白质组学鉴定结果一致。

本研究结论为解析鸡源、鸭源 NDV 致病性的差异，分析鸡源 NDV 和鸭源 NDV 的表达谱和蛋白组的不同，为 NDV 致病性的分子机理，感染控制的药物设计和疫苗研究提供了理论基础。

5.3 论文创新点

5.3.1 研究思路的创新

选取不同来源的新城疫病毒，根据不同来源新城疫的生物学特性，筛选出有差异的病毒。从宿主的角度，利用数字化表达谱从 mRNA 水平技术开展鸡源、鸭源 NDV 感染宿主后，宿主细胞基因表达谱的差异；利用 iTRAQ 蛋白组学相关技术研究鸡源、鸭源 NDV 感染宿主后，病毒编码蛋白与宿主细胞蛋白之间的相互作用、宿主细胞蛋白表达谱的差异以及生物功能的改变。以期从宿主的两个方面，探索和解析鸡源、鸭源 NDV 致病的分子机理。

5.3.2　研究内容的创新

本研究系统分析了不同来源新城疫病毒鸡源 NDV-GM 和鸭源 NDV-YC 生物学特征，较早发现了对番鸭有致死性的鸭源 NDV 毒株，目前，很少有报道分离到致死性鸭源病毒，选择的毒株较为新颖。首次从 mRNA 水平筛选出鸡源 NDV-GM 与空白相比的差异基因 2 435个，鸭源 NDV-YC 有 1 922个差异基因，从生物学过程、细胞组成和分子功能 3 方面进行功能和定位分析这些差异基因功能，为解析新城疫致病机理，不同来源 NDV 致病差异奠定基础。

5.3.3　研究方法的创新

本研究应用最新的第二代数字化表达谱技术首先报道于 2009 年，首次运用该方法在 mRNA 水平分析了鸡源 NDV-GM 和鸭源 NDV-YC 病毒宿主细胞基因，获得了大量有价值的基因信息。本研究还应用 iTRAQ 蛋白质组学技术分析 NDV 感染细胞后蛋白信息，以期从基因和蛋白关联度方面探索致病性机理，两种方法互补，较为新颖。

THANKS

致 谢

3 年的博士生生活一晃而过,回首走过的岁月,心中倍感充实,论文即将完成之日,感慨良多。首先诚挚地感谢我的导师任涛教授从论文的选题、试验方案的设计和实施,到论文的撰写等诸多方面,都给予了精心的指导和不懈的支持与鼓励,并在学习上和工作上给予我无微不至的关心和照顾,使我顺利完成学业。导师严谨的治学之道、宽厚仁慈的胸怀、积极乐观的生活态度,为我树立了一辈子学习的典范,他的教诲与鞭策将激励我在科学和教育的道路上励精图治,开拓创新。在此谨对恩师表示由衷的敬意和深深的感谢!

我要以最诚挚的心感谢樊惠英教授、焦培荣老师,感谢他们对我实验的指导、关心、鼓励和支持!樊老师和焦老师的工作态度、对科研的巨大热情是我学习的榜样。衷心感谢传染病学教研室辛朝安教授、廖明教授、张桂红教授、罗开健副教授、曹伟胜副教授、亓文宝副教授、徐成刚老师和贾伟新老师在实验中的悉心指导和热情帮助。

感谢孙海亮博士、张建民博士以及在读博士生汪招雄、孙敏华、张斌、赵付荣、和君、韦良孟,硕士研究生刘大伟、黎先伟、何琴、叶昱、龚军、王建华、韦娜娜、何燕兵、郭露铰、旷代和康银峰等同学在实验过程中的帮助,在此,我不能一一的列举他们的名字来表达我的感激之情,感谢他们 3 年多来给我提供的帮助和关心,与他们在一起的日子开心而充实,他们将是我记忆里最美的风景。感谢禽病研究室的实验员谢淑敏、郭彩银、徐小芹、陈蕾蕾、林丽芳、高绮静!

感谢华南农业大学兽医学院和研究生处的领导给予的支持!

感谢我的父母和亲人在我多年的求学生涯中给予照顾和关爱,使我顺利完成学业。

本研究在人兽共患病防控制剂国家地方联合工程实验室,农业部兽用疫苗创制重点实验室,广东省动物源性人兽共患病预防与控制重点实验室,广东普通高校人兽共患预防与控制重点实验室完成,并得到国家自然科学基金(No.31072319)的资助。

PEFERENCES

参考文献

1. 甘孟候.中国禽病学［M］.北京：中国农业出版社，1999.

2. 古长庆，金宁一.鸡新城疫病毒抗肿瘤作用及其机制的研究进展［J］.中国肿瘤生物治疗杂志，2000，7（3）：238.

3. 李义良，朱华清，张红锋.双向电泳技术［J］.生物学教学，2004，29（4）：64.

4. 刘维薇，吕元.蛋白质组学研究技术及其临床应用［J］.中华检验医学杂志，2004，27（10）：625－629.

5. 聂忠清，吴永刚，蒙建洲.分子伴侣的功能和应用［J］.生命科学，2006，18（1）：84－89.

6. 任涛，孔令辰，敖艳华，等.鹅源禽副黏病毒感染特性的研究［J］.畜牧兽医学报，2006，37（7）：681－686.

7. 王珏，张训海，李升和，等.鸡源新城疫病毒人工感染鸭的病理组织学研究［J］.中国预防兽医学报，2008（1）：53－57.

8. 辛朝安，任涛.疑似鹅副黏病毒感染诊断初报［J］.养禽与禽病防治，1997（1）：5.

9. 殷震，刘景华，病毒学.动物病毒学［M］.北京：科学出版社，1997.

10. 张波，任建林，叶震世，等.转化生长因子 β_1 和 Smad7 在胃癌组织中的表达［J］.中华消化杂志，2007，27（12）：836－837.

11. 张树军，狄建军，张国文，等.蛋白质组学的研究方法［J］.内蒙古民族大学学报：自然科学版，2009，23（6）：647－649.

12. 张训海，赵家龙，等.鸭副黏病毒强毒株的分离和鉴定［J］.中国动物检疫，2001，18（10）：24－26.

13. Ac'T Hoen P, Ariyurek Y, Thygesen H H, et al. Deep sequencing-based expression analysis shows major advances in robustness, resolution and inter-lab portability over five microarray platforms［J］. Nucleic acids research, 2008, 36（21）：e141.

14. Aldous E W, Alexander D J. Detection and differentiation of Newcastle disease virus (avian paramyxovirus type 1) [J]. Avian Pathol, 2001, 30 (2): 117 – 128.

15. Aldous E W, Alexander D J. Detection and differentiation of Newcastle disease virus (avian paramyxovirus type 1) [J]. Avian Pathol, 2001, 30 (2): 117 – 128.

16. Aldous E W, Mynn J K, Banks J, et al. A molecular epidemiological study of avian paramyxovirus type 1 (Newcastle disease virus) isolates by phylogenetic analysis of a partial nucleotide sequence of the fusion protein gene [J]. Avian Pathol, 2003, 32 (3): 239 – 256.

17. Alexander D J, D. Swayne J R, Glisson M W, et al. A laboratory manual for the isolation and identification of avian pathogens [J]. A laboratory manual for the isolation and identification of avian pathogens, 1989.

18. Alfonso P, Rivera J, Hernaez B, et al. Identification of cellular proteins modified in response to African swine fever virus infection by proteomics [J]. Proteomics, 2004, 4 (7): 2 037 – 2 046.

19. Audic S, Claverie J M. The significance of digital gene expression profiles [J]. Genome research, 1997, 7 (10): 986 – 995.

20. Benjamini Y, Yekutieli D. The control of the false discovery rate in multiple testing under dependency [J]. Annals of statistics, 2001: 1 165 – 1 188.

21. Boguski M S, Mcintosh M W. Biomedical informatics for proteomics [J]. Nature, 2003, 422 (6928): 233 – 237.

22. Bowman M C, Smallwood S, Moyer S A. Dissection of individual functions of the Sendai virus phosphoprotein in transcription [J]. J Virol, 1999, 73 (8): 6 474 – 6 483.

23. Chambers P, Millar N S, Emmerson P T. Nucleotide sequence of the gene encoding the fusion glycoprotein of Newcastle disease virus [J]. J Gen Virol, 1986, 67 (Pt 12): 2 685 – 2 694.

24. Chambers P, Millar N S, Emmerson P T. Nucleotide sequence of the gene encoding the fusion glycoprotein of Newcastle disease virus [J]. Journal of general virology, 1986, 67 (12): 2 685.

25. Collins F S, Green E D, Guttmacher A E, et al. A vision for the future of genomics research [J]. Nature, 2003, 422 (6 934): 835 – 847.

26. Collins M S, Bashiruddin J B, Alexander D J. Deduced amino acid sequences at the fusion protein cleavage site of Newcastle disease viruses showing variation in antigenicity and pathogenicity [J]. Arch Virol, 1993, 128 (3 – 4): 363 – 370.

27. Connaris H, Takimoto T, Russell R, et al. Probing the sialic acid binding site of the hemagglutinin-neuraminidase of Newcastle disease virus: identification of key amino acids in-

volved in cell binding, catalysis, and fusion [J]. J Virol, 2002, 76 (4): 1 816 – 1 824.

28. de Leeuw O S, Koch G, Hartog L, et al. Virulence of Newcastle disease virus is determined by the cleavage site of the fusion protein and by both the stem region and globular head of the haemagglutinin-neuraminidase protein [J]. J Gen Virol, 2005, 86 (Pt 6): 1 759 – 1 769.

29. Deng R, Mirza A M, Mahon P J, et al. Functional chimeric HN glycoproteins derived from Newcastle disease virus and human parainfluenza virus-3. [J]. Archives of virology. Supplementum, 1997, 13: 115.

30. Dohner K, Sodeik B. The role of the cytoskeleton during viral infection [J]. Curr Top Microbiol Immunol, 2005, 285: 67 – 108.

31. Doyle T M. A hitherto unrecorded disease of fowls due to a filter-passing virus [J]. Journal of Comparative Pathology, 1927, 40: 144 – 169.

32. Eisen M B, Spellman P T, Brown P O, et al. Cluster analysis and display of genome-wide expression patterns [J]. Proceedings of the National Academy of Sciences, 1998, 95 (25): 14 863.

33. Estevez C, King D, Seal B, et al. Evaluation of Newcastle disease virus chimeras expressing the Hemagglutinin-Neuraminidase protein of velogenic strains in the context of a mesogenic recombinant virus backbone [J]. Virus Res, 2007, 129 (2): 182 – 190.

34. Fenn J B, Mann M, Meng C K, et al. Electrospray ionization for mass spectrometry of large biomolecules [J]. Science, 1989, 246 (4 926): 64 – 71.

35. Golovan S P, Hakimov H A, Verschoor C P, et al. Analysis of Sus scrofa liver proteome and identification of proteins differentially expressed between genders, and conventional and genetically enhanced lines [J]. Comp Biochem Physiol Part D Genomics Proteomics, 2008, 3 (3): 234 – 242.

36. Graves P R, Haystead T A J. Molecular biologist's guide to proteomics [J]. Microbiology and Molecular Biology Reviews, 2002, 66 (1): 39 – 63.

37. Gygil S P, Rist B, Gerber S A, et al. Quantitative analysis of complex protein mixtures using isotope-coded affinity tags [J]. Nature biotechnology, 1999, 17 (10): 994 – 999.

38. Hamaguchi M, Nishikawa K, Toyoda T, et al. Transcriptive complex of Newcastle disease virus. II. Structural and functional assembly associated with the cytoskeletal framework [J]. Virology, 1985, 147 (2): 295 – 308.

39. Hamaguchi M, Nishikawa K, Toyoda T, et al. Transcriptive complex of Newcastle disease virus. II. Structural and functional assembly associated with the cytoskeletal framework [J]. Virology, 1985, 147 (2): 295 – 308.

40. Hamaguchi M, Yoshida T, Nishikawa K, et al. Transcriptive complex of Newcastle

disease virus. I. Both L and P proteins are required to constitute an active complex [J]. Virology, 1983, 128 (1): 105 – 117.

41. Harper D R. A novel plaque assay system for paramyxoviruses [J]. J Virol Methods, 1989, 25 (3): 347 – 350.

42. Hegedus Z, Zakrzewska A, Agoston V C, et al. Deep sequencing of the zebrafish transcriptome response to mycobacterium infection [J]. Mol Immunol, 2009, 46 (15): 2 918 – 2 930.

43. Hensel R R, King R C, Owens K G. Electrospray sample preparation for improved quantitation in matrix-assisted laser desorption/ionization time-of-flight mass spectrometry [J]. Rapid Commun Mass Spectrom, 1997, 11 (16): 1 785 – 1 793.

44. Hodder I. The contextual analysis of symbolic meanings [J]. Interpreting objects and collections, 1994, 12.

45. Hu H D, Ye F, Zhang D Z, et al. iTRAQ quantitative analysis of multidrug resistance mechanisms in human gastric cancer cells [J]. Journal of Biomedicine and Biotechnology, 2010.

46. Huang Z H, Lin H W, Li Z, et al. [L-arginine decreases P-selectin expression in traumatic shock] [J]. Di Yi Jun Yi Da Xue Xue Bao, 2003, 23 (8): 777 – 780.

47. Huang Z, Panda A, Elankumaran S, et al. The hemagglutinin-neuraminidase protein of Newcastle disease virus determines tropism and virulence [J]. J Virol, 2004, 78 (8): 4 176 – 4 184.

48. Hunt D M, Mehta R, Hutchinson K L. The L protein of vesicular stomatitis virus modulates the response of the polyadenylic acid polymerase to S-adenosylhomocysteine [J]. J Gen Virol, 1988, 69 (Pt 10): 2 555 – 2 561.

49. Iorio R M, Field G M, Sauvron J M, et al. Structural and functional relationship between the receptor recognition and neuraminidase activities of the Newcastle disease virus hemagglutinin-neuraminidase protein: receptor recognition is dependent on neuraminidase activity [J]. J Virol, 2001, 75 (4): 1 918 – 1 927.

50. Iorio R M, Syddall R J, Sheehan J P, et al. Neutralization map of the hemagglutinin-neuraminidase glycoprotein of Newcastle disease virus: domains recognized by monoclonal antibodies that prevent receptor recognition [J]. J Virol, 1991, 65 (9): 4 999 – 5 006.

51. Kanehisa M, Goto S, Kawashima S, et al. The KEGG resource for deciphering the genome [J]. Nucleic acids research, 2004, 32 (suppl 1): D277 – D280.

52. Klose J. Protein mapping by combined isoelectric focusing and electrophoresis of mouse tissues [J]. Human Genetics, 1975, 26 (3): 231 – 243.

53. Kraneveld F C. A poultry disease in the Dutch East Indies [J]. Ned Indisch Dier-geneested, 1926, 38: 448 - 450.

54. Lam K M. Apoptosis in chicken embryo fibroblasts caused by Newcastle disease virus [J]. Vet Microbiol, 1995, 47 (3 - 4): 357 - 363.

55. Lampropoulos P, Zizi-Sermpetzoglou A, Rizos S, et al. TGF-beta signalling in colon carcinogenesis [J]. Cancer Letters, 2011.

56. Lee S J, Kim K H, Park J S, et al. Comparative analysis of cell surface proteins in chronic and acute leukemia cell lines [J]. Biochem Biophys Res Commun, 2007, 357 (3): 620 - 626.

57. Li Z, Sergel T, Razvi E, et al. Effect of cleavage mutants on syncytium formation directed by the wild-type fusion protein of Newcastle disease virus [J]. J Virol, 1998, 72 (5): 3 789 - 3 795.

58. Liu N, Song W, Wang P, et al. Proteomics analysis of differential expression of cellular proteins in response to avian H9N2 virus infection in human cells [J]. Proteomics, 2008, 8 (9): 1 851 - 1 858.

59. Marin F P. New Monitoring Parameter for the Traveling Salesman Problem [J]. Phys Rev Lett, 1996, 77 (26): 5 149 - 5 152.

60. Maxwell K L, Frappier L. Viral proteomics [J]. Microbiol Mol Biol Rev, 2007, 71 (2): 398 - 411.

Mayo M A. Names of viruses and virus species-an editorial note [J]. Arch Virol, 2002, 147 (7): 1 463 - 1 464.

61. Mcginnes L W, Morrison T G. Disulfide bond formation is a determinant of glycosylation site usage in the hemagglutinin-neuraminidase glycoprotein of Newcastle disease virus [J]. J Virol, 1997, 71 (4): 3 083 - 3 089.

62. Mcgregor E, Dunn M J. Proteomics of the heart: unraveling disease [J]. Circ Res, 2006, 98 (3): 309 - 321.

63. Morrissy A S, Morin R D, Delaney A, et al. Next-generation tag sequencing for cancer gene expression profiling [J]. Genome Res, 2009, 19 (10): 1 825 - 1 835.

64. Muniyappa H, Song S, Mathews C K, et al. Reactive Oxygen Species-independent Oxidation of Thioredoxin in Hypoxia [J]. Journal of Biological Chemistry, 2009, 284 (25): 17 069 - 17 081.

65. Nishio M, Tsurudome M, Kawano M, et al. Interaction between nucleocapsid protein (NP) and phosphoprotein (P) of human parainfluenza virus type 2: one of the two NP binding sites on P is essential for granule formation [J]. J Gen Virol, 1996, 77 (Pt 10):

2 457 - 2 463.

66. O'Farrell P H. High resolution two-dimensional electrophoresis of proteins ［J］. J Biol Chem, 1975, 250 (10): 4 007 - 4 021.

67. OIE (2008) Newcastle disease. In World Organisation for Animal Health.

68. Ong S E, Blagoev B, Kratchmarova I, et al. Stable isotope labeling by amino acids in cell culture, SILAC, as a simple and accurate approach to expression proteomics ［J］. Molecular \ & Cellular Proteomics, 2002, 1 (5): 376 - 386.

69. Panda A, Elankumaran S, Krishnamurthy S, et al. Loss of N-linked glycosylation from the hemagglutinin-neuraminidase protein alters virulence of Newcastle disease virus ［J］. J Virol, 2004, 78 (10): 4 965 - 4 975.

70. Panda A, Huang Z, Elankumaran S, et al. Role of fusion protein cleavage site in the virulence of Newcastle disease virus ［J］. Microb Pathog, 2004, 36 (1): 1 - 10.

71. Peeples M E, Collins P L. Mutations in the 5'trailer region of a respiratory syncytial virus minigenome which limit RNA replication to one step ［J］. J Virol, 2000, 74 (1): 146 - 155.

72. Peeters B P, de Leeuw O S, Koch G, et al. Rescue of Newcastle disease virus from cloned cDNA: evidence that cleavability of the fusion protein is a major determinant for virulence ［J］. J Virol, 1999, 73 (6): 5 001 - 5 009.

73. Peeters B, Gruijthuijsen Y K, De Leeuw O S, et al. Genome replication of Newcastle disease virus: involvement of the rule-of-six ［J］. Archives of virology, 2000, 145 (9): 1 829 - 1 845.

74. Porotto M, Salah Z, Devito I, et al. The second receptor binding site of the globular head of the Newcastle disease virus (NDV) hemagglutinin-neuraminidase activates the stalk of multiple paramyxovirus receptor binding proteins to trigger fusion ［J］. J Virol, 2012.

75. Ravindra P V, Tiwari A K, Ratta B, et al. Newcastle disease virus-induced cytopathic effect in infected cells is caused by apoptosis ［J］. Virus research, 2009, 141 (1): 13 - 20.

76. Rogers S L, Gelfand V I. Membrane trafficking, organelle transport, and the cytoskeleton ［J］. Curr Opin Cell Biol, 2000, 12 (1): 57 - 62.

77. Romer-Oberdorfer A, Veits J, Werner O, et al. Enhancement of pathogenicity of Newcastle disease virus by alteration of specific amino acid residues in the surface glycoproteins F and HN ［J］. Avian Dis, 2006, 50 (2): 259 - 263.

78. Romer-Oberdorfer A, Werner O, Veits J, et al. Contribution of the length of the HN protein and the sequence of the F protein cleavage site to Newcastle disease virus pathoge-

nicity [J]. J Gen Virol, 2003, 84 (Pt 11): 3 121 –3 129.

79. Ross P L, Huang Y N, Marchese J N, et al. Multiplexed protein quantitation in Saccharomyces cerevisiae using amine-reactive isobaric tagging reagents [J]. Molecular \ & Cellular Proteomics, 2004, 3 (12): 1 154 –1 169.

80. Rout S N, Samal S K. The large polymerase protein is associated with the virulence of Newcastle disease virus [J]. J Virol, 2008, 82 (16): 7 828 –7 836.

81. Sakaguchi T, Toyoda T, Gotoh B, et al. Newcastle disease virus evolution: I. Multiple lineages defined by sequence variability of the hemagglutinin-neuraminidase gene [J]. Virology, 1989, 169 (2): 260 –272.

82. Sakuma T, Azuma M, Yoshida I. Effect of N-Acetyl-muramyl-l-alanyl-d-isoglu-tamine on Interferon Production in Mice by Newcastle Disease Virus [J]. Journal of general virology, 1984, 65 (5): 999 –1 003.

83. Saldanha A J. Java Treeview--extensible visualization of microarray data [J]. Bioinformatics, 2004, 20 (17): 3 246 –3 248.

84. Santibanez J F, P E Rez-G O Mez E, Fernandez-L A, et al. The TGF- \ beta co-receptor endoglin modulates the expression and transforming potential of H-Ras [J]. Carcinogenesis, 2010, 31 (12): 2 145.

85. Scheid A, Choppin P W. The hemagglutinating and neuraminidase protein of a paramyxovirus: interaction with neuraminic acid in affinity chromatography [J]. Virology, 1974, 62 (1): 125 –133.

86. Scheid W, M U Ller H, Greiner W. Nuclear shock waves in heavy-ion collisions [J]. Physical Review Letters, 1974, 32 (13): 741 –745.

87. Sergel T, Mcginnes L W, Peeples M E, et al. The attachment function of the Newcastle disease virus hemagglutinin-neuraminidase protein can be separated from fusion promotion by mutation [J]. Virology, 1993, 193 (2): 717 –726.

88. Sergel T, Mcginnes L, Morrison T. Role of a conserved sequence in the maturation and function of the NDV HN glycoprotein [J]. Virus Res, 1993, 30 (3): 281 –294.

89. Sinkovics J G, Horvath J. Can virus therapy of human cancer be improved by apoptosis induction? [J]. Med Hypotheses, 1995, 44 (5): 359 –368.

90. Steward M, Vipond I B, Millar N S, et al. RNA editing in Newcastle disease virus [J]. J Gen Virol, 1993, 74 (Pt 12): 2 539 –2 547.

91. Suarez P, Diaz-Guerra M, Prieto C, et al. Open reading frame 5 of porcine reproductive and respiratory syndrome virus as a cause of virus-induced apoptosis [J]. J Virol, 1996, 70 (5): 2 876 –2 882.

92. Sun J, Jiang Y, Shi Z, et al. Proteomic alteration of PK-15 cells after infection by classical swine fever virus [J]. J Proteome Res, 2008, 7 (12): 5 263 –5 269.

93. Takakuwa H, Ito T, Takada A, et al. Potentially virulent Newcastle disease viruses are maintained in migratory waterfowl populations [J]. Japanese Journal of Veterinary Research, 1998, 45 (4): 207 –215.

94. Tonge R, Shaw J, Middleton B, et al. Validation and development of fluorescence two-dimensional differential gel electrophoresis proteomics technology [J]. Proteomics, 2001, 1 (3): 377 –396.

95. U Nl U M, Morgan M E, Minden J S. Difference gel electrophoresis. A single gel method for detecting changes in protein extracts [J]. Electrophoresis, 1997, 18 (11): 2 071 –2 077.

96. Vickers M L, Hanson R P. Characterization of isolates of Newcastle disease virus from migratory birds and turkeys [J]. Avian Dis, 1982, 26 (1): 127 –133.

97. Viswanathan K, Fruh K. Viral proteomics: global evaluation of viruses and their interaction with the host [J]. Expert Rev Proteomics, 2007, 4 (6): 815 –829.

98. Wakamatsu N, King D J, Seal B S, et al. The pathogenesis of Newcastle disease: a comparison of selected Newcastle disease virus wild-type strains and their infectious clones [J]. Virology, 2006, 353 (2): 333 –343.

99. Walhout A J, Sordella R, Lu X, et al. Protein interaction mapping in C. elegans using proteins involved in vulval development [J]. Science, 2000, 287 (5 450): 116 –122.

100. Wan H, Chen L, Wu L, et al. Newcastle disease in geese: natural occurrence and experimental infection [J]. Avian Pathology, 2004, 33 (2): 216 –221.

101. Wang Z, Zhang P, Fu W, et al. [Effect of probiotics on Newcastle Disease Virus] [J]. Wei Sheng Wu Xue Bao, 2010, 50 (12): 1 664 –1 669.

102. Washburn B, Schirrmacher V. Human tumor cell infection by Newcastle Disease Virus leads to upregulation of HLA and cell adhesion molecules and to induction of interferons, chemokines and finally apoptosis [J]. Int J Oncol, 2002, 21 (1): 85 –93.

103. Wasinger V C, Cordwell S J, Cerpa-Poljak A, et al. Progress with gene-product mapping of the Mollicutes: Mycoplasma genitalium [J]. Electrophoresis, 1995, 16 (7): 1 090 –1 094.

104. Wilkins M R, Sanchez J C, Gooley A A, et al. Progress with proteome projects: why all proteins expressed by a genome should be identified and how to do it [J]. Biotechnol Genet Eng Rev, 1996, 13: 19 –50.

105. Wise M G, Sellers H S, Alvarez R, et al. RNA-dependent RNA polymerase gene

analysis of worldwide Newcastle disease virus isolates representing different virulence types and their phylogenetic relationship with other members of the paramyxoviridae [J]. Virus Res, 2004, 104 (1): 71 –80.

106. Yang L. TGFbeta, a potent regulator of tumor microenvironment and host immune response, implication for therapy [J]. Curr Mol Med, 2010, 10 (4): 374 –380.

107. Ying W, Hao Y, Zhang Y, et al. Proteomic analysis on structural proteins of Severe Acute Respiratory Syndrome coronavirus [J]. Proteomics, 2004, 4 (2): 492 –504.

108. Yoshimura M, Tsubaki S, Yamagami T, et al. The effectiveness of immunization to Newcastle disease, avian infectious bronchitis and avian infectious coryza with inactivated combined vaccines [J]. Kitasato Arch Exp Med, 1972, 45 (3): 165 –179.

109. Zhang H, Guo X, Ge X, et al. Changes in the cellular proteins of pulmonary alveolar macrophage infected with porcine reproductive and respiratory syndrome virus by proteomics analysis [J]. J Proteome Res, 2009, 8 (6): 3 091 –3 097.

110. Zhang X, Zhou J, Wu Y, et al. Differential proteome analysis of host cells infected with porcine circovirus type 2 [J]. J Proteome Res, 2009, 8 (11): 5 111 –5 119.

111. Zheng X, Hong L, Shi L, et al. Proteomics analysis of host cells infected with infectious bursal disease virus [J]. Mol Cell Proteomics, 2008, 7 (3): 612 –625.

112. Zheng X, Hong L, Shi L, et al. Proteomics analysis of host cells infected with infectious bursal disease virus [J]. Molecular \ & Cellular Proteomics, 2008, 7 (3): 612 –625.

113. Zhou G, Li H, Decamp D, et al. 2D differential in-gel electrophoresis for the identification of esophageal scans cell cancer-specific protein markers [J]. Molecular \ & Cellular Proteomics, 2002, 1 (2): 117 –123.

114. Zhou Y, Chen W N. iTRAQ-Coupled 2-D LC-MS/MS Analysis of Membrane Protein Profile in Escherichia coli Incubated with Apidaecin IB [J]. PloS one, 2011, 6 (6): e20442.

115. Zhou Y, Jia R Q, Teng Z P, et al. [Transient expression and identification of gene P and NP of NDV LaSota strain in two different cells] [J]. Zhonghua Shi Yan He Lin Chuang Bing Du Xue Za Zhi, 2010, 24 (1): 62 –64.

116. Zhu H, Bilgin M, Bangham R, et al. Global analysis of protein activities using proteome chips [J]. Science, 2001, 293 (5537): 2 101 –2 105.

117. Zhu M, Simons B, Zhu N, et al. Analysis of abscisic acid responsive proteins in Brassica napus guard cells by multiplexed isobaric tagging [J]. Journal of proteomics, 2010, 73 (4): 790 –805.

APPENDIX

附 录

用 iTRAQ 鉴定 3 个样品的 691 个蛋白信息表

Gene	Symbol	Desription [Gallus gallus]
gi	55741617	AACS	acetoacetyl-CoA synthetase
gi	45382456	ABCB1	ATP-binding cassette, subfamily B, member 1
gi	71895108	ACADSB	short/branched chain specific acyl-CoA dehydrogenase, mitochondrial
gi	71896388	ACLY	ATP-citrate synthase
gi	55741613	ACOX1	peroxisomal acyl-coenzyme A oxidase 1
gi	118099922	ACSF2	PREDICTED: hypothetical protein
gi	45383527	ACTR3	actin-related protein 3
gi	118101781	ADC	PREDICTED: hypothetical protein
gi	118087034	ADHFE1	PREDICTED: similar to Alcohol dehydrogenase, iron containing, 1
gi	71895072	ADI1	1, 2-dihydroxy-3-keto-5-methylthiopentene dioxygenase
gi	71895886	ADIPOR1	adiponectin receptor protein 1
gi	118091225	ADM	PREDICTED: similar to adrenomedullin
gi	118095505	ADPGK	PREDICTED: hypothetical protein
gi	57530109	AGA	aspartylglucosaminidase
gi	118092637	AIFM2	PREDICTED: hypothetical protein
gi	118084204	AKAP17A	PREDICTED: similar to 550 amino acids MW = 61kDa, glycosylated = 75 kDa; expressed on endothelium, activated lymphocytes and syncytiotrophoblast, contains leucine zipper and basic region homologous to myc; 721P
gi	45382878	AKR1B10	aldo-keto reductase family 1 member B10
gi	118098551	ALDH2	PREDICTED: hypothetical protein
gi	118094102	ALDH9A1	PREDICTED: similar to Aldehyde dehydrogenase 9 family, member A1
gi	118098236	ALG1	PREDICTED: similar to Asparagine-linked glycosylation 1 homolog (yeast, beta-1, 4-mannosyltransferase)
gi	45383294	ALG6	dolichyl pyrophosphate Man9GlcNAc2 alpha-1, 3-glucosyltransferase
gi	71895382	AMACR	alpha-methylacyl-CoA racemase
gi	118087530	ANAPC1	PREDICTED: similar to Tsg24 protein

（续表）

Gene	Symbol	Desription〔Gallus gallus〕
gi｜118090373	ANK2	PREDICTED：similar to ankyrin B（440 kDa）
gi｜45383347	ANKRD1	ankyrin repeat domain-containing protein 1
gi｜71895186	ANKRD10	ankyrin repeat domain-containing protein 10
gi｜118086192	ANLN	PREDICTED：similar to actin binding protein anillin
gi｜71895872	ANXA5	annexin A5
gi｜71895930	APIP	probable methylthioribulose-1-phosphate dehydratase
gi｜118101084	APITD1	PREDICTED：similar to Apoptosis-inducing，TAF9-like domain 1
gi｜57530665	ARF1	ADP-ribosylation factor 1
gi｜118100581	ARFGEF2	PREDICTED：similar to ARFGEF2
gi｜118100698	ARFRP1	PREDICTED：similar to ADP-ribosylation factor related protein 1
gi｜118082564	ARHGDIB	PREDICTED：similar to D4-GDP-dissociation inhibitor
gi｜57530184	ARHGEF6	rho guanine nucleotide exchange factor 6
gi｜118088408	ARID1B	PREDICTED：similar to AT rich interactive domain 1B（SWI1-like）
gi｜118101417	ARID5A	PREDICTED：similar to Arid5a protein
gi｜118084874	ARL11	PREDICTED：similar to ADP-ribosylation factor-like 11
gi｜56118967	ARL2BP	ADP-ribosylation factor-like protein 2-binding protein
gi｜45383839	ARNTL2	aryl hydrocarbon receptor nuclear translocator-like protein 2
gi｜71894778	ARPC1B	actin-related protein 2/3 complex subunit 1B
gi｜118100264	ASPA	PREDICTED：hypothetical protein
gi｜118094035	ASPM	PREDICTED：similar to abnormal spindle-like
gi｜118086950	ASXL3	PREDICTED：similar to KIAA1713 protein
gi｜71895442	ATG7	autophagy-related protein 7
gi｜118097445	ATOX1	PREDICTED：similar to copper chaperone
gi｜118102464	ATP5F1	PREDICTED：similar to ATP synthase subunit B
gi｜118091816	ATPBD4	PREDICTED：similar to MGC83562 protein
gi｜118100873	AURKA	PREDICTED：similar to Aurora-A
gi｜45383186	AXIN2	axin-2
gi｜118099825	AZI1	PREDICTED：hypothetical protein

（续表）

Gene	Symbol	Desription［Gallus gallus］
gi｜118095248	B3GNT5	UDP-GlcNAc：betaGal beta-1，3-N-acetylglucosaminyltransferase 5
gi｜45383877	BASP1	CAP-23 protein
gi｜118083056	BCL2L13	PREDICTED：similar to Bcl-Rambo
gi｜118088519	BCLAF1	PREDICTED：similar to Aa2-041
gi｜118097683	BFAR	PREDICTED：similar to apoptosis regulator
gi｜118088081	BIRC6	PREDICTED：similar to baculoviral IAP repeat-containing 6
gi｜118097334	BNIP1	PREDICTED：similar to BCL2/adenovirus E1B 19kDa interacting protein 1
gi｜71894702	BNIP3L	adenovirus E1B 19 kDa protein-interacting protein 3-like
gi｜71896146	BRD4	bromodomain containing 4
gi｜118086009	BTD	PREDICTED：hypothetical protein
gi｜118085719	C10orf112	PREDICTED：hypothetical protein
gi｜71895576	C11H16orf70	lin-10
gi｜118082925	C12orf45	PREDICTED：hypothetical protein
gi｜118083339	C12orf57	PREDICTED：similar to C10
gi｜118091969	C14orf1	PREDICTED：hypothetical protein
gi｜118092208	C14orf138	PREDICTED：hypothetical protein
gi｜71897222	C15orf23	TRAF4 associated factor 1
gi｜118086646	C18orf21	PREDICTED：similar to chromosome 18 open reading frame 21
gi｜118083210	C1H12orf4	PREDICTED：hypothetical protein LOC419041
gi｜118084875	C1H13orf18	PREDICTED：similar to C13orf18 protein
gi｜71895260	C1H21orf33	ES1 protein homolog，mitochondrial
gi｜45382038	C1H21orf91	protein EURL
gi｜118083568	C1H3orf26	PREDICTED：hypothetical protein
gi｜71895474	C1orf107	digestive organ expansion factor homolog
gi｜56605913	C1orf121	PPPDE peptidase domain-containing protein 1
gi｜118101795	C1orf128	PREDICTED：hypothetical protein
gi｜71895794	C1orf57	nucleoside-triphosphatase C1orf57 homolog
gi｜118100714	C20orf149	PREDICTED：hypothetical protein
gi｜118100687	C20orf20	PREDICTED：similar to RIKEN cDNA 1600027N09 gene

（续表）

Gene	Symbol	Desription［Gallus gallus］
gi｜118082686	C22orf32	PREDICTED：hypothetical protein
gi｜118102330	C26H1orf103	PREDICTED：similar to receptor-interacting factor 1
gi｜118102577	C26H1orf88	PREDICTED：hypothetical protein
gi｜71896274	C26H6orf106	chromosome 6 open reading frame 106
gi｜118103224	C28H19orf22	PREDICTED：hypothetical protein
gi｜71896370	C2H18orf19	hypothetical protein LOC421045
gi｜118087986	C3H6orf129	PREDICTED：similar to C6orf129 protein
gi｜45382790	C4BPA	complement component 4 binding protein，alpha chain precursor
gi｜118090302	C4H4orf31	PREDICTED：similar to VLLH2748
gi｜118090342	C4orf16	PREDICTED：hypothetical protein
gi｜118091859	C5H14orf147	PREDICTED：hypothetical protein
gi｜71894874	C5H14orf169	lysine-specific demethylase NO66
gi｜71895098	C6H10orf46	chromosome 10 open reading frame 46
gi｜118088615	C6orf60	PREDICTED：similar to chromosome 6 open reading frame 60
gi｜50750737	C7H2orf76	PREDICTED：hypothetical protein
gi｜118086108	C7orf24	PREDICTED：hypothetical protein
gi｜118094581	C8H1orf123	PREDICTED：hypothetical protein
gi｜118087323	C8orf32	PREDICTED：hypothetical protein
gi｜57529617	C9H21orf2	hypothetical protein LOC424866
gi｜118103614	C9orf23	PREDICTED：similar to MGC84124 protein
gi｜118099755	CACNG7	PREDICTED：similar to voltage-dependent calcium channel gamma-5 subunit
gi｜118100953	CAMTA1	PREDICTED：similar to KIAA0833 protein
gi｜118082946	CAPRIN2	PREDICTED：similar to cytoplasmic activation/proliferation-associated protein 2
gi｜118084391	CARKD	PREDICTED：hypothetical protein
gi｜118083360	CASP2	cysteine protease caspase-2
gi｜118092599	CBARA1	PREDICTED：hypothetical protein
gi｜118083607	CBLB	PREDICTED：similar to Cas-Br-M（murine）ecotropic retroviral transforming sequence b
gi｜56119037	CBLL1	E3 ubiquitin-protein ligase Hakai

（续表）

Gene	Symbol	Desription〔Gallus gallus〕
gi丨118089864	CBR4	PREDICTED：similar to Carbonyl reductase 4
gi丨118099301	CCBL1	PREDICTED：hypothetical protein
gi丨71896858	CCDC101	SAGA-associated factor 29 homolog
gi丨71896434	CCDC111	coiled-coil domain containing 111
gi丨118101826	CCDC15	PREDICTED：hypothetical protein
gi丨118101497	CCDC21	PREDICTED：similar to Coiled-coil domain containing 21
gi丨118083038	CCDC77	PREDICTED：similar to MGC83791 protein
gi丨118097234	CCDC99	PREDICTED：hypothetical protein
gi丨118088768	CCNC	cyclin-C
gi丨118100642	CCNDBP1	PREDICTED：similar to LOC495493 protein
gi丨71897104	CCNE1	S-specific cyclin-E1
gi丨71894932	CCNK	cyclin-K
gi丨57525048	CCZ1	CCZ1 vacuolar protein trafficking and biogenesis associated homolog
gi丨118095509	CD276	PREDICTED：hypothetical protein
gi丨118084890	CDADC1	PREDICTED：similar to protein kinase NYD-SP15
gi丨45384335	CDC2	cell division protein kinase 1
gi丨71896742	CDCA7L	cell division cycle-associated 7-like protein
gi丨118096598	CDK10	cell division protein kinase 10
gi丨60302677	CDKN1B	cyclin-dependent kinase inhibitor 1B（p27，Kip1）
gi丨60302693	CELF1	CUGBP Elav-like family member 1
gi丨118091661	CEP27	PREDICTED：similar to MGC82377 protein
gi丨118090317	CETN1	PREDICTED：hypothetical protein
gi丨118091599	CHAC1	PREDICTED：similar to ChaC, cation transport regulator homolog 1（E. coli）
gi丨56799383	CHAF1B	chromatin assembly factor 1 subunit B
gi丨118098633	CHEK2	serine/threonine-protein kinase Chk2
gi丨118086666	CHMP5	；hypothetical protein
gi丨71896872	CHPT1	cholinephosphotransferase 1
gi丨45384109	CHST3	carbohydrate sulfotransferase 3
gi丨57524843	CIAPIN1	anamorsin

（续表）

Gene	Symbol	Desription［Gallus gallus］
gi｜118093777	CLASP1	PREDICTED：similar to CLIP-associating protein 1
gi｜118089512	CLCN5	PREDICTED：similar to chloride channel 5（nephrolithiasis 2，X-linked，Dent disease）
gi｜118098061	CLEC16A	PREDICTED：similar to KIAA0350 protein
gi｜59709480	CLP1	polyribonucleotide 5′-hydroxyl-kinase Clp1
gi｜118083351	CLSTN3	PREDICTED：similar to calsyntenin-3
gi｜118098192	CLUAP1	PREDICTED：similar to Clusterin associated protein 1
gi｜118085945	CMC1	PREDICTED：hypothetical protein
gi｜71896024	CMPK	UMP-CMP kinase
gi｜46048884	COL5A1	collagen alpha-1（V）chain
gi｜49225580	COL6A1	collagen alpha-1（VI）chain precursor
gi｜71895352	COMMD10	COMM domain-containing protein 10
gi｜56605925	COMMD5	COMM domain-containing protein 5
gi｜118090555	COMMD8	PREDICTED：hypothetical protein
gi｜118081888	COPG2	PREDICTED：similar to coatomer protein gamma2-COP
gi｜57530094	COPS4	COP9 signalosome complex subunit 4
gi｜118091706	COX16	PREDICTED：hypothetical protein
gi｜118087188	COX6C	PREDICTED：hypothetical protein
gi｜118082130	CPNE8	PREDICTED：similar to copine Ⅷ
gi｜118094579	CPT2	PREDICTED：carnitine palmitoyltransferase II
gi｜118098279	CRAMP1L	PREDICTED：similar to Crm，cramped-like
gi｜118094086	CRIP2	PREDICTED：similar to Cysteine rich protein 2
gi｜118087814	CRLS1	PREDICTED：hypothetical protein
gi｜45383178	CRMP1	dihydropyrimidinase-related protein 1
gi｜71895128	CRYL1	lambda-crystallin homolog
gi｜118083854	CRYZL1	PREDICTED：similar to quinone oxidoreductase-like 1
gi｜118099669	CSNK1D	PREDICTED：similar to Casein kinase 1，delta
gi｜57530168	CSTF2	cleavage stimulation factor subunit 2
gi｜118094453	CTBS	PREDICTED：hypothetical protein
gi｜47604963	CTDSPL	NLI-interacting factor isoform T2

（续表）

Gene	Symbol	Desription [Gallus gallus]
gi｜45383589	CTGF	connective tissue growth factor
gi｜118104158	CTSL2	cathepsin L1
gi｜118092703	CUEDC2	PREDICTED：similar to LOC398317 protein
gi｜118085117	CWF19L2	PREDICTED：similar to CWF19L2 protein
gi｜118093755	CYP27A1	PREDICTED：similar to Cyp27a1-prov protein
gi｜55926191	DAD1	dolichyl-diphosphooligosaccharide--protein glycosyltransferase subunit DAD1
gi｜71896792	DCBLD2	discoidin，CUB and LCCL domain-containing protein 2
gi｜118092364	DDHD1	PREDICTED：similar to DDHD domain containing 1
gi｜118094069	DDR2	PREDICTED：similar to Discoidin domain receptor family，member 2
gi｜71897240	DDT	D-dopachrome decarboxylase
gi｜57529370	DDX27	probable ATP-dependent RNA helicase DDX27
gi｜71895252	DDX3X	ATP-dependent RNA helicase DDX3X
gi｜118098460	DENR	density-regulated protein
gi｜118119449	DHFR	dihydrofolate reductase
gi｜118092287	DHRS7	PREDICTED：similar to CGI-86 protein
gi｜118084825	DNAJC15	REDICTED：similar to MGC89962 protein
gi｜60302737	DSCR2	proteasome assembly chaperone 1
gi｜118088648	DSE	PREDICTED：hypothetical protein
gi｜118097323	DUSP1	dual specificity protein phosphatase 1
gi｜71895580	DUSP10	dual specificity protein phosphatase 10
gi｜118085133	DYNC2H1	PREDICTED：similar to dynein cytoplasmic heavy chain 2
gi｜71897318	EED	polycomb protein EED
gi｜71895640	EHD3	EH domain-containing protein 3
gi｜118093098	EIF3A	PREDICTED：similar to p167
gi｜61098231	EIF3J	eukaryotic translation initiation factor 3 subunit J
gi｜57525518	ELF1	ETS-related transcription factor Elf-1
gi｜118097772	ELFN1	PREDICTED：hypothetical protein
gi｜118098114	EMP2	PREDICTED：similar to Epithelial membrane protein 2（EMP-2）（Protein XMP）
gi｜57530348	EPRS	bifunctional aminoacyl-tRNA synthetase

Gene	Symbol	Desription〔Gallus gallus〕
gi丨50730822	EPSTI1	PREDICTED：similar to putative breast epithelial stromal interaction protein
gi丨118086869	ESCO1	PREDICTED：similar to KIAA1911 protein
gi丨118089140	ESCO2	PREDICTED：hypothetical protein
gi丨57529918	EVL	ena/VASP-like protein
gi丨60302825	EXOC5	exocyst complex component 5
gi丨118086294	EZH2	PREDICTED：similar to Enhancer of zeste homolog 2（Drosophila）
gi丨118103903	F2RL2	PREDICTED：hypothetical protein
gi丨118096810	FAM120A	PREDICTED：hypothetical protein
gi丨71896744	FAM126A	hyccin
gi丨60302833	FAM129A	protein Niban
gi丨71895620	FAM96A	family with sequence similarity 96，member A
gi丨118096435	FAM96B	PREDICTED：hypothetical protein
gi丨118096603	FANCA	Fanconi anemia，complementation group A
gi丨71897264	FAR1	fatty acyl-CoA reductase 1
gi丨118090671	FBXL5	PREDICTED：similar to F-box protein FBL5
gi丨71896560	FBXO32	F-box only protein 32
gi丨118104228	FER	PREDICTED：similar to protein tyrosine kinase fer
gi丨118098572	FICD	PREDICTED：similar to HYPE
gi丨53749681	FKBP5	peptidyl-prolyl cis-trans isomerase FKBP5
gi丨71897246	FLI1	Friend leukemia integration 1 transcription factor
gi丨118090939	FNBP4	PREDICTED：similar to Formin binding protein 4
gi丨45382876	FOS	proto-oncogene c-Fos
gi丨118097773	FTSJ2	PREDICTED：similar to cell division protein FtsJ
gi丨118104064	FXN	PREDICTED：similar to Frataxin, mitochondrial precursor（Friedreich ataxia protein）（Fxn）
gi丨118093601	G6PC2	PREDICTED：similar to glucose-6-phosphatase
gi丨118101800	GALE	PREDICTED：similar to GALE protein isoform 2
gi丨118098753	GATC	PREDICTED：similar to 15E1.2（novel protein）
gi丨118083729	GBE1	PREDICTED：similar to glycogen branching enzyme
gi丨118087784	GEMIN6	PREDICTED：similar to GEMIN6

（续表）

Gene	Symbol	Desription［Gallus gallus］
gi｜118084126	GEMIN8	PREDICTED：hypothetical protein
gi｜71894976	GHITM	growth hormone-inducible transmembrane protein
gi｜118101272	gi｜118101272	PREDICTED：similar to sodium-D-glucose cotransporter
gi｜118102244	gi｜118102244	PREDICTED：similar to Proteasome（prosome macropain）subunit beta type 4
gi｜118085478	GJC2	PREDICTED：hypothetical protein
gi｜118104124	GKAP1	PREDICTED：hypothetical protein
gi｜118089380	GLA	PREDICTED：similar to alpha-galactosidase A precursor（EC 3.2.1.22）
gi｜118096734	GMPPB	PREDICTED：similar to MGC84017 protein
gi｜61098209	GNB1	guanine nucleotide-binding protein G（I）/G（S）/G（T）subunit beta-1
gi｜118096691	GNL3	PREDICTED：similar to Guanine nucleotide binding protein-like 3（nucleolar）
gi｜118088256	GNPAT	PREDICTED：hypothetical protein
gi｜45384347	GOT1	aspartate aminotransferase，cytoplasmic
gi｜45382952	GOT2	aspartate aminotransferase，mitochondrial precursor
gi｜118103788	GPBP1	PREDICTED：similar to vasculin
gi｜118096103	GPR56	PREDICTED：similar to G protein-coupled receptor 56
gi｜118096103	GPR56	PREDICTED：similar to G protein-coupled receptor 56
gi｜118097455	GPX3	glutathione peroxidase 3
gi｜118094661	GPX7	glutathione peroxidase 7
gi｜118093104	GRK5	PREDICTED：similar to G protein-coupled receptor kinase
gi｜49169813	GSTA	glutathione S-transferase
gi｜118083359	GSTK1	PREDICTED：similar to Glutathione S-transferase kappa 1
gi｜45382478	GSTT1	glutathione S-transferase theta-1
gi｜118084830	GTF2F2	PREDICTED：similar to General transcription factor IIF，polypeptide 2
gi｜50758752	GTPBP5	PREDICTED：hypothetical protein
gi｜45384359	H2AFY	core histone macro-H2A.1
gi｜118088522	HBS1L	PREDICTED：HBS1-like
gi｜118102352	HBXIP	hepatitis B virus x interacting protein

（续表）

Gene	Symbol	Desription［Gallus gallus］
gi｜71897188	HDAC7A	histone deacetylase 7
gi｜118103523	HDHD2	PREDICTED：hypothetical protein
gi｜45384155	HDLBP	vigilin
gi｜118100360	HEATR6	PREDICTED：hypothetical protein
gi｜118082394	HELB	PREDICTED：similar to helicase B
gi｜118085398	HIGD1A	PREDICTED：hypothetical protein
gi｜71895880	HIP2	ubiquitin-conjugating enzyme E2 K
gi｜118102502	HIPK1	PREDICTED：similar to homeodomain-interacting protein kinase-1
gi｜45382754	HMGB2	high mobility group protein B2
gi｜45384397	HMOX1	heme oxygenase 1
gi｜82524280	HNRNPAB	heterogeneous nuclear ribonucleoprotein A/B
gi｜118104139	HNRNPK	PREDICTED：hypothetical protein
gi｜118100447	HNRPA3P2	PREDICTED：similar to NDRG3
gi｜71896740	HNRPDL	heterogeneous nuclear ribonucleoprotein D-like
gi｜118095846	HOMER2	PREDICTED：similar to homer-2b
gi｜45382910	HOXA11	homeobox protein Hox-A11
gi｜71896404	HOXA4	homeobox protein Hox-A4
gi｜49169786	HOXA7	homeobox protein Hox-A7
gi｜57529540	HP1BP3	heterochromatin protein 1-binding protein 3
gi｜118098510	HPD	PREDICTED：similar to LOC495029 protein
gi｜45382332	HPRT1	hypoxanthine-guanine phosphoribosyltransferase
gi｜45383202	HS6ST1	heparan-sulfate 6-O-sulfotransferase 1
gi｜58037557	HSP25	heat shock protein 25
gi｜118092182	HSP90AA1	hypothetical protein
gi｜61098371	HSPD1	kDa heat shock protein, mitochondrial precursor
gi｜118084990	HSPH1	heat shock 105kDa
gi｜71897218	HVCN1	voltage-gated hydrogen channel 1
gi｜57529415	ICMT	protein-S-isoprenylcysteine O-methyltransferase
gi｜45383000	ID1	DNA-binding protein inhibitor ID-1
gi｜45384367	ID2	DNA-binding protein inhibitor ID-2

（续表）

Gene	Symbol	Desription [Gallus gallus]
gi丨118093508	IDH1	PREDICTED：similar to cytosolic NADP-dependent isocitrate dehydrogenase
gi丨71897268	IDH3B	isocitrate dehydrogenase [NAD] subunit beta, mitochondrial
gi丨71895298	IDUA	alpha-L-iduronidase
gi丨118103028	IFI35	PREDICTED：similar to Interferon-induced protein 35
gi丨118095328	IFT80	PREDICTED：similar to Intraflagellar transport 80 homolog (Chlamydomonas)
gi丨118104529	IKBKAP	PREDICTED：inhibitor of kappa light polypeptide gene enhancer in B-cells, kinase complex-associated protein
gi丨45383723	ILK	integrin-linked protein kinase
gi丨57530040	IMMT	mitochondrial inner membrane protein
gi丨118086905	IMPACT	PREDICTED：similar to IMPACT
gi丨71896994	ING3	inhibitor of growth protein 3
gi丨118091582	INOC1	PREDICTED：similar to yeast INO80-like protein
gi丨71897038	INTS2	integrator complex subunit 2
gi丨118084695	IPO5	PREDICTED：similar to Ran_ GTP binding protein 5
gi丨71896980	IRAK4	interleukin-1 receptor-associated kinase 4
gi丨45383951	IRF2	interferon regulatory factor 2
gi丨118091945	ISCA2	PREDICTED：hypothetical protein
gi丨118095855	ISG20L1	PREDICTED：hypothetical protein
gi丨118087702	ISM1	PREDICTED：similar to C20orf82
gi丨46048953	ITGB3	integrin beta-3 precursor
gi丨118089054	ITSN2	PREDICTED：similar to Intersectin-2 (SH3 domain-containing protein 1B) (SH3P18) (SH3P18-like WASP-associated protein)
gi丨45384325	K123	K123 protein
gi丨118087337	KIAA0196	PREDICTED：hypothetical protein
gi丨118104343	KIAA0372	PREDICTED：similar to KIAA0372
gi丨118100975	KIAA0562	PREDICTED：similar to KIAA0562 protein
gi丨118100389	KIAA0664	PREDICTED：hypothetical protein
gi丨71895348	KIAA1191	hypothetical protein LOC416230
gi丨61098335	KIAA1333	G2/M phase-specific E3 ubiquitin-protein ligase

（续表）

Gene	Symbol	Desription〔Gallus gallus〕
gi｜118092228	KIF26A	PREDICTED：similar to KIAA1236 protein
gi｜118087258	KLF10	gi｜118087259｜ref｜XP_ 418366. 2｜/0/PREDICTED：similar to TGF-beta inducible early protein
gi｜118103339	KLF2	PREDICTED：similar to Kruppel-like factor 2（lung）
gi｜60302819	KLHDC2	kelch domain-containing protein 2
gi｜71895514	KLHDC4	kelch domain-containing protein 4
gi｜118098508	KNTC1	PREDICTED：similar to Kinetochore-associated protein 1（Rough deal homolog）（hRod）（HsROD）（Rod）
gi｜90568362	KRTAP10-4	keratin associated protein 10-4
gi｜118094548	KTI12	PREDICTED：hypothetical protein
gi｜118086903	LAMA3	PREDICTED：similar to laminin alpha 3 splice variant b1
gi｜118085597	LARP5	PREDICTED：hypothetical protein
gi｜118097621	LARS	PREDICTED：similar to Leucyl-tRNA synthetase, cytoplasmic（Leucine--tRNA ligase）（LeuRS）
gi｜118101569	LDLRAP1	PREDICTED：similar to low density lipoprotein receptor adaptor protein 1
gi｜57525294	LIG3	DNA ligase 3
gi｜71894782	LIN7C	protein lin-7 homolog C
gi｜66793442	LINGO1	putative transmembrane protein V/BamHI｜｜3
gi｜118097889	LMF1	PREDICTED：hypothetical protein
gi｜118088961	LOC395611	PREDICTED：similar to glutathione S-transferase class-alpha
gi｜47604961	LOC396380	glutathione S-transferase 3
gi｜118095848	LOC415459	PREDICTED：hypothetical protein
gi｜118097498	LOC416372	PREDICTED：hypothetical protein
gi｜118098410	LOC416793	PREDICTED：similar to autism-related protein 1
gi｜118098648	LOC416916	PREDICTED：hypothetical protein
gi｜118099248	LOC417227	PREDICTED：hypothetical protein〔Taeniopygia guttata〕
gi｜118083017	LOC418128	PREDICTED：hypothetical protein
gi｜118081925	LOC418249	PREDICTED：hypothetical protein
gi｜118101025	LOC419404	PREDICTED：hypothetical protein
gi｜118101828	LOC419706	PREDICTED：hypothetical protein
gi｜118101982	LOC419772	PREDICTED：hypothetical protein

（续表）

Gene	Symbol	Desription［Gallus gallus］
gi｜118085505	LOC420411	PREDICTED：hypothetical protein
gi｜118086142	LOC420707	PREDICTED：hypothetical protein
gi｜118086151	LOC420716	prolactin-releasing peptide
gi｜118086960	LOC421110	PREDICTED：similar to DNA replication initiator protein
gi｜118089300	LOC422147	PREDICTED：hypothetical protein
gi｜118091240	LOC423054	PREDICTED：hypothetical protein
gi｜118092109	LOC423423	PREDICTED：hypothetical protein
gi｜50748853	LOC423536	PREDICTED：similar to 2P domain potassium channel Talk-1
gi｜118092418	LOC423613	PREDICTED：similar to Family with sequence similarity 35，member A
gi｜118092872	LOC423820	PREDICTED：hypothetical protein
gi｜118093273	LOC424018	hypothetical protein LOC424018
gi｜118095150	LOC424918	PREDICTED：hypothetical protein
gi｜118123904	LOC425117	PREDICTED：hypothetical protein
gi｜118110694	LOC429657	PREDICTED：hypothetical protein，partial
gi｜118121358	LOC430766	PREDICTED：hypothetical protein
gi｜118107602	LOC431056	PREDICTED：hypothetical protein LOC431056
gi｜118129594	LOC768499	PREDICTED：hypothetical protein
gi｜118081876	LOC768819	PREDICTED：hypothetical protein
gi｜118086778	LOC768893	PREDICTED：hypothetical protein
gi｜118092416	LOC768945	PREDICTED：hypothetical protein
gi｜118089289	LOC769069	ectodysplasin A1
gi｜118086794	LOC769105	PREDICTED：hypothetical protein
gi｜118099929	LOC769674	PREDICTED：hypothetical protein
gi｜118102208	LOC770407	PREDICTED：hypothetical protein
gi｜118082713	LOC770975	PREDICTED：similar to serologically defined colon cancer antigen 3
gi｜118090022	LOC772010	PREDICTED：similar to prostaglandin-D synthase
gi｜118102506	LOC772107	PREDICTED：similar to Zinc finger protein 76（expressed in testis）
gi｜118085186	LOC772170	PREDICTED：hypothetical protein
gi｜118120487	LOC772209	gi｜71897135｜ref｜NP_001026584.1｜/1.5848e-51/ deoxyhypusine hydroxylase

（续表）

Gene	Symbol	Desription〔Gallus gallus〕
gi｜118118203	LOC776187	PREDICTED：hypothetical protein，partial
gi｜118110580	LOC777261	PREDICTED：similar to Brrn1-prov protein
gi｜118090485	LONRF1	PREDICTED：similar to LON peptidase N-terminal domain and ring finger 1
gi｜118089697	LONRF3	PREDICTED：similar to LON peptidase N-terminal domain and ring finger 3
gi｜118087276	LRP12	PREDICTED：similar to ST7 protein
gi｜118087976	LRPPRC	PREDICTED：leucine-rich PPR-motif containing
gi｜118094598	LRRC42	PREDICTED：hypothetical protein
gi｜118094338	LRRC8D	PREDICTED：similar to Leucine rich repeat containing 8 family，member D
gi｜118096894	LSM3	PREDICTED：similar to Lsm3 protein
gi｜118099979	LSMD1	PREDICTED：hypothetical protein
gi｜118088472	LTV1	PREDICTED：similar to LTV1 homolog（S. cerevisiae）
gi｜71895836	LUC7L3	luc7-like protein 3
gi｜118086440	LYRM4	PREDICTED：hypothetical protein
gi｜71897132	LYSMD3	lysM and putative peptidoglycan-binding domain-containing protein 3
gi｜118100496	MAP1LC3A	PREDICTED：hypothetical protein
gi｜71896150	MAPRE2	microtubule-associated protein RP/EB family member 2
gi｜118087870	MARK1	PREDICTED：similar to MAP/microtubule affinity-regulating kinase
gi｜118089313	MARS2	PREDICTED：hypothetical protein
gi｜118096658	MARVELD3	PREDICTED：similar to LOC414611 protein
gi｜118083345	MBOAT5	PREDICTED：similar to putative transmembrane protein PTG
gi｜57524950	MCM2	DNA replication licensing factor MCM2
gi｜57530230	MCM3	DNA replication licensing factor MCM3
gi｜118093360	MCM3AP	PREDICTED：similar to KIAA0572 protein
gi｜118097850	MED9	PREDICTED：hypothetical protein
gi｜118122138	MEGF9	PREDICTED：similar to MEGF9
gi｜45384491	MERTK	tyrosine-protein kinase Mer
gi｜118099597	METRNL	PREDICTED：similar to METRNL protein
gi｜118083271	MFAP5	PREDICTED：similar to Microfibrillar associated protein 5
gi｜71896948	MFSD1	major facilitator superfamily domain-containing protein 1

（续表）

Gene	Symbol	Desription［Gallus gallus］
gi｜45382056	MKRN1	makorin ring finger protein 1
gi｜45383953	MMP16	matrix metalloproteinase-16
gi｜118092916	MMS19	PREDICTED：similar to MMS19
gi｜118099876	MRPL12	PREDICTED：hypothetical protein
gi｜118089246	MRPL19	PREDICTED：similar to Mitochondrial ribosomal protein L19
gi｜118091059	MRPL21	PREDICTED：hypothetical protein
gi｜118088005	MRPL33	PREDICTED：similar to ribosomal protein L33-like protein
gi｜118125189	MRPL34	PREDICTED：hypothetical protein
gi｜118094693	MRPL37	39S ribosomal protein L37，mitochondrial
gi｜118099177	MRPL41	PREDICTED：similar to Mrpl41-prov protein
gi｜118087132	MRPS28	PREDICTED：similar to Mitochondrial ribosomal protein S28
gi｜118087209	MTDH	PREDICTED：hypothetical protein
gi｜71897116	MTHFD2	bifunctional methylenetetrahydrofolate dehydrogenase/cyclohydrolase，mitochondrial
gi｜118096548	MTHFSD	PREDICTED：similar to LOC446264 protein
gi｜118087492	MTIF2	PREDICTED：similar to Mitochondrial translational initiation factor 2
gi｜45384333	MYBL2	myb-related protein B
gi｜66392161	MYO1C	myosin-Ic
gi｜71897026	MYST2	histone acetyltransferase MYST2
gi｜57530027	NADSYN1	glutamine-dependent NAD（+）synthetase
gi｜71895338	NANP	N-acylneuraminate-9-phosphatase
gi｜118089898	NARG1	PREDICTED：similar to putative acetyltransferase
gi｜118085576	NCAPG2	PREDICTED：family with sequence similarity 62（C2 domain containing）member B
gi｜57529584	NDUFB5	NADH dehydrogenase［ubiquinone］1 beta subcomplex subunit 5，mitochondrial
gi｜47087184	NDUFC2	NADH dehydrogenase［ubiquinone］1 subunit C2
gi｜61098198	NECAP2	adaptin ear-binding coat-associated protein 2
gi｜118089808	NEK1	PREDICTED：similar to KIAA1901 protein
gi｜71895480	NEK2	serine/threonine-protein kinase Nek2
gi｜71274114	NF2	neurofibromin 2（bilateral acoustic neuroma）

（续表）

Gene	Symbol	Desription［Gallus gallus］
gi｜45384113	NFE2L2	nuclear factor erythroid 2-related factor 2
gi｜118085463	NKTR	PREDICTED：similar to natural killer tumor recognition protein
gi｜118103868	NLN	PREDICTED：similar to neurolysin
gi｜118095344	NMD3	PREDICTED：hypothetical protein
gi｜118093938	NMI	PREDICTED：similar to N-myc（and STAT）interactor
gi｜118102804	NMT1	PREDICTED：similar to N-myristoyltransferase 1
gi｜118092742	NOLC1	PREDICTED：hypothetical protein
gi｜118099402	NOTCH1	PREDICTED：Notch homolog 1，translocation-associated
gi｜45383933	NR1D2	nuclear receptor subfamily 1 group D member 2
gi｜118082360	NTS	PREDICTED：similar to Neurotensin/neuromedin N precursor
gi｜45382146	NUDT16L1	protein syndesmos
gi｜118088232	NUP133	PREDICTED：similar to nucleoporin 133kDa
gi｜118090941	NUP160	PREDICTED：nucleoporin 160kDa
gi｜118088625	NUS1	hypothetical protein［Taeniopygia guttata］
gi｜45383164	OAF	out at first protein homolog precursor
gi｜118092955	OBFC1	PREDICTED：hypothetical protein
gi｜118089397	OGT	PREDICTED：O-linked N-acetylglucosamine（GlcNAc）transferase（UDP-N-acetylglucosamine：polypeptide-N-acetylglucosaminyl transferase）
gi｜118117013	ORMDL3	PREDICTED：hypothetical protein
gi｜118089936	OTUD4	PREDICTED：similar to OTU domain containing 4
gi｜113206087	PACSIN3	protein kinase C and casein kinase substrate in neurons 3
gi｜118094206	PAPPA2	PREDICTED：similar to pregnancy-associated plasma preproprotein-A2
gi｜118093854	PARP14	PREDICTED：similar to B-aggressive lymphoma 2B
gi｜118084649	PCCA	PREDICTED：similar to Propionyl-Coenzyme A carboxylase，alpha polypeptide
gi｜118094795	PCCB	PREDICTED：similar to MGC68650 protein
gi｜118100664	PCMTD2	PREDICTED：similar to C20orf36
gi｜118085130	PDGFD	PREDICTED：similar to spinal cord-derived growth factor-B
gi｜118090453	PDGFRL	PREDICTED：similar to Pdgfrl protein
gi｜60302709	PDPK1	phosphoinositide-dependent protein kinase 1

（续表）

Gene	Symbol	Desription［Gallus gallus］
gi｜118100770	PDRG1	PREDICTED：similar to P53 and DNA damage regulated 1
gi｜57529731	PECR	peroxisomal trans-2-enoyl-CoA reductase
gi｜57530582	PEX11G	peroxisomal membrane protein 11C
gi｜118091561	PEX16	PREDICTED：similar to peroxisomal biogenesis factor 16
gi｜118097181	PFDN1	PREDICTED：hypothetical protein
gi｜118096714	PFKFB4	PREDICTED：6-phosphofructo-2-kinase/fructose-2，6-biphosphatase 4
gi｜118083341	PHB2	prohibitin-2
gi｜118091559	PHF21A	PREDICTED：similar to PHF21A protein
gi｜118091300	PHLDA2	PREDICTED：similar to IPL
gi｜118100577	PIGT	PREDICTED：similar to phosphatidyl inositol glycan class T
gi｜118094584	PIK3R3	PREDICTED：hypothetical protein
gi｜118098714	PISD	PREDICTED：hypothetical protein
gi｜118090989	PITPNM1	PREDICTED：similar to Pitpnm2 protein，partial
gi｜118097570	PITX1	pituitary homeobox 1
gi｜118096927	PLXNA1	PREDICTED：similar to plexin
gi｜57525213	PMPCA	mitochondrial-processing peptidase subunit alpha
gi｜118099180	PNPLA7	patatin-like phospholipase domain-containing protein 7
gi｜118102242	POGZ	PREDICTED：similar to pogo transposable element with ZNF domain
gi｜118084070	POLA1	PREDICTED：similar to DNA polymerase alpha catalytic subunit
gi｜57529344	POLD3	DNA polymerase delta subunit 3
gi｜118092899	POLL	PREDICTED：polymerase（DNA directed），lambda
gi｜118104630	PPIC	PREDICTED：hypothetical protein
gi｜57525186	PPP1CC	serine/threonine-protein phosphatase PP1-gamma catalytic subunit
gi｜71897338	PPP2R4	serine/threonine-protein phosphatase 2A activator
gi｜56119041	PRKAR1A	cAMP-dependent protein kinase type I-alpha regulatory subunit
gi｜118091134	PRRG4	PREDICTED：similar to transmembrane gamma-carboxyglutamic acid protein 4 TMG4
gi｜118099291	PRRX2	PREDICTED：similar to Prx-2（S8）
gi｜57529898	PSMA3	proteasome subunit alpha type-3
gi｜57525332	PSMC2	26S protease regulatory subunit 7

（续表）

Gene	Symbol	Desription［Gallus gallus］
gi｜71895670	PTDSS1	phosphatidylserine synthase 1
gi｜56119079	PTPLAD1	protein tyrosine phosphatase-like protein PTPLAD1
gi｜47825390	PTRF	polymerase I and transcript release factor
gi｜118102044	PTS	PREDICTED：similar to 6-pyruvoyl tetrahydrobiopterin synthase precursor（PTPS）（PTP synthase）
gi｜118111673	QPCTL	PREDICTED：similar to glutaminyl-peptide cyclotransferase-like，partial
gi｜50744631	QRSL1	PREDICTED：similar to Glutaminyl-tRNA synthase（glutamine-hydrolyzing）-like 1
gi｜71896810	RABL3	rab-like protein 3
gi｜118129643	RACGAP1	PREDICTED：hypothetical protein
gi｜118100295	RAD51C	PREDICTED：similar to Rad51C
gi｜118100117	RAD51L3	PREDICTED：similar to Trad
gi｜45384313	RAF1	RAF proto-oncogene serine/threonine-protein kinase
gi｜57525382	RANGAP1	Ran GTPase activating protein 1
gi｜118099328	RAPGEF1	PREDICTED：similar to Rap guanine nucleotide exchange factor（GEF）1
gi｜61098253	RASA3	ras GTPase-activating protein 3
gi｜57530321	RASGRP3	ras guanyl-releasing protein 3
gi｜45383326	RB1	retinoblastoma-associated protein
gi｜45382770	RBBP7	histone-binding protein RBBP7
gi｜118086873	RBBP8	PREDICTED：similar to retinoblastoma-interacting protein
gi｜118088002	RBKS	PREDICTED：similar to ribokinase
gi｜118099487	RBM18	PREDICTED：hypothetical protein
gi｜71897262	RCAN3	calcipressin-3
gi｜118084891	RCBTB1	PREDICTED：hypothetical protein
gi｜118103991	RCL1	PREDICTED：similar to RNA 3-terminal phosphate cyclase-like protein
gi｜118091757	RDH12	PREDICTED：similar to double substrate-specificity short chain dehydrogenase/reductase 2
gi｜118087506	REL	proto-oncogene c-Rel
gi｜118094210	RFWD2	PREDICTED：similar to constitutive photomorphogenic protein
gi｜71895264	RGL1	ral guanine nucleotide dissociation stimulator-like 1
gi｜45383357	RIPK1	receptor-interacting serine/threonine-protein kinase 1

（续表）

Gene	Symbol	Desription［Gallus gallus］
gi｜71895248	RNASEL	ribonuclease L
gi｜71896438	RNF103	RING finger protein 103
gi｜118101344	RNF122	PREDICTED：hypothetical protein
gi｜118101727	RNF19B	PREDICTED：similar to IBRDC3 protein
gi｜118086753	RNMT	PREDICTED：similar to KIAA0398
gi｜118086859	ROCK1	PREDICTED：similar to corneal epithelial Rho-associated-ser/thr kinase；ROCK-I
gi｜57525357	RPAP3	RNA polymerase II-associated protein 3
gi｜118102531	RPL10A	PREDICTED：similar to Rpl10a-prov protein
gi｜118091245	RPL27A	PREDICTED：hypothetical protein
gi｜45384493	RPLP0	60S acidic ribosomal protein P0
gi｜118082346	RPS16	PREDICTED：similar to Rps16 protein
gi｜45383689	RPS17	ribosomal protein S17
gi｜118102008	RPS25	PREDICTED：similar to ribosomal protein S25
gi｜118094523	RPS8	PREDICTED：similar to ribosomal protein S8
gi｜118102081	RRNAD1	PREDICTED：similar to CGI-41 protein
gi｜118096676	RRP9	PREDICTED：similar to U3 snoRNP associated 55 kDa protein
gi｜71896868	SAP130	histone deacetylase complex subunit SAP130
gi｜118092612	SAR1A	PREDICTED：similar to SAR1a protein
gi｜118129266	SARS	PREDICTED：seryl-tRNA synthetase，partial
gi｜118085916	SATB1	PREDICTED：hypothetical protein
gi｜118103222	SBNO2	PREDICTED：similar to KIAA0963 protein
gi｜57530154	SC4MOL	sterol-C4-methyl oxidase-like
gi｜118094671	SCP2	PREDICTED：similar to sterol carrier protein-2
gi｜61098319	SCPEP1	serine carboxypeptidase 1
gi｜118090263	SDAD1	PREDICTED：similar to SDA1 domain containing 1
gi｜118089041	SDC1	PREDICTED：hypothetical protein
gi｜118097121	SEC13	PREDICTED：similar to SEC13-like 1（S. cerevisiae）
gi｜118098828	SEC14L2	PREDICTED：similar to SEC14-like 2（S. cerevisiae）
gi｜118097585	SEC24A	PREDICTED：similar to Sec24A protein

（续表）

Gene	Symbol	Desription〔Gallus gallus〕
gi ǀ 118081973	SEC61A2	PREDICTED：similar to Sec61 alpha
gi ǀ 118088448	SERAC1	PREDICTED：hypothetical protein
gi ǀ 71897266	SFRS13A	splicing factor, arginine/serine-rich 13A
gi ǀ 45383214	SGK1	serine/threonine-protein kinase Sgk1
gi ǀ 71896432	SGK3	serine/threonine-protein kinase Sgk3
gi ǀ 118082731	SGSM3	PREDICTED：similar to RUN and TBC1 domain containing 3
gi ǀ 71894774	SGTB	small glutamine-rich tetratricopeptide repeat-containing protein beta
gi ǀ 57525228	SH3GLB2	endophilin-B2
gi ǀ 118086376	SIRT5	PREDICTED：similar to LOC496346 protein
gi ǀ 56118959	SKP2	S-phase kinase-associated protein 2
gi ǀ 118088680	SLC16A10	PREDICTED：similar to aromatic amino acid transporter
gi ǀ 57529786	SLC19A1	folate transporter 1
gi ǀ 118098356	SLC25A1	PREDICTED：similar to Solute carrier family 25 (mitochondrial carrier; citrate transporter), member 1
gi ǀ 56118975	SLC25A36	solute carrier family 25 member 36
gi ǀ 118083544	SLC35A5	PREDICTED：hypothetical protein
gi ǀ 71894926	SLC35C2	solute carrier family 35 member C2
gi ǀ 61098365	SLC40A1	solute carrier family 40 member 1
gi ǀ 118096080	SLC7A6OS	PREDICTED：similar to Solute carrier family 7, member 6 opposite strand
gi ǀ 118095691	SLTM	PREDICTED：hypothetical protein
gi ǀ 118089661	SMARCA1	PREDICTED：similar to SWI/SNF related, matrix associated, actin dependent regulator of chromatin, subfamily a, member 1
gi ǀ 118090020	SMARCAD1	PREDICTED：similar to helicase SMARCAD1
gi ǀ 86129425	SMARCB1	SWI/SNF-related matrix-associated actin-dependent regulator of chromatin subfamily B member 1
gi ǀ 118129641	SMARCD1	PREDICTED：similar to SMARCD1 protein
gi ǀ 45382552	SMC2	structural maintenance of chromosomes protein 2
gi ǀ 118086845	SMCHD1	PREDICTED：hypothetical protein
gi ǀ 118102883	SNF8	PREDICTED：similar to ELL complex EAP30 subunit
gi ǀ 71896754	SNX10	sorting nexin-10
gi ǀ 45382966	SOCS3	suppressor of cytokine signaling 3

（续表）

Gene	Symbol	Desription［Gallus gallus］
gi｜118087968	SOCS5	suppressor of cytokine signaling 5
gi｜113206159	SP5	transcription factor Sp5
gi｜118087874	SPATA17	PREDICTED：hypothetical protein
gi｜118096471	SPATA2L	PREDICTED：hypothetical protein
gi｜118090311	SPATA5	PREDICTED：hypothetical protein
gi｜45382192	SPRY2	protein sprouty homolog 2
gi｜118098229	SPSB3	PREDICTED：similar to mKIAA4204 protein
gi｜118097510	SQSTM1	PREDICTED：hypothetical protein
gi｜118103870	SREK1	PREDICTED：hypothetical protein
gi｜118101603	SRSF4	PREDICTED：similar to SFRS4
gi｜118101872	ST14	PREDICTED：similar to epithin
gi｜118091243	ST5	PREDICTED：similar to suppression of tumorigenicity 5
gi｜118094797	STAG1	PREDICTED：similar to STAG1 variant protein
gi｜71895160	STK17B	serine/threonine-protein kinase 17B
gi｜118091800	STRN3	PREDICTED：similar to nuclear autoantigen
gi｜50758111	STYXL1	PREDICTED：similar to LOC414599 protein
gi｜71895506	SUDS3	sin3 histone deacetylase corepressor complex component SDS3
gi｜118094440	SYDE2	PREDICTED：hypothetical protein
gi｜71894994	SYNCRIP	synaptotagmin binding，cytoplasmic RNA interacting protein
gi｜118091723	SYNJ2BP	PREDICTED：similar to ADAM metallopeptidase domain 20 preproprotein
gi｜118100585	SYS1	PREDICTED：hypothetical protein
gi｜118085243	SYTL2	PREDICTED：hypothetical protein
gi｜118100662	TAF4	PREDICTED：hypothetical protein
gi｜118087371	TATDN1	PREDICTED：similar to CDA11
gi｜61098331	TBC1D15	TBC1 domain family member 15
gi｜118093016	TCF7L2	PREDICTED：similar to TCF7L2
gi｜71896486	TEX10	testis-expressed sequence 10 protein homolog
gi｜57525351	THAP5	THAP domain-containing protein 5
gi｜55741619	THOC5	HO complex subunit 5 homolog

（续表）

Gene	Symbol	Desription［Gallus gallus］
gi｜46048963	THYN1	thymocyte nuclear protein 1
gi｜60593007	TIPIN	TIMELESS-interacting protein
gi｜118095672	TM2D3	PREDICTED：similar to TM2 domain containing 3
gi｜57529296	TMEM123	transmembrane protein 123
gi｜118089725	TMEM185A	PREDICTED：hypothetical protein
gi｜71895120	TMEM194B	transmembrane protein 194B
gi｜71896852	TMEM22	transmembrane protein 22
gi｜118092489	TMEM26	PREDICTED：hypothetical protein
gi｜118090575	TMEM33	PREDICTED：hypothetical protein
gi｜118096937	TMEM43	PREDICTED：hypothetical protein
gi｜118087144	TMEM55A	PREDICTED：hypothetical protein
gi｜118098140	TMEM8	PREDICTED：similar to transmembrane protein 6-like
gi｜118090995	TMEM80	PREDICTED：hypothetical protein
gi｜118102325	TMEM9	PREDICTED：similar to HSPC186
gi｜47604945	TMSB4X	thymosin，beta 4
gi｜110347565	TNFAIP6	tumor necrosis factor-inducible gene 6 protein
gi｜75832155	TNFRSF11B	tumor necrosis factor receptor superfamily member 11B
gi｜54020701	TNFRSF1B	tumor necrosis factor receptor superfamily member 1B
gi｜47604921	TOP1MT	DNA topoisomerase I，mitochondrial
gi｜118099253	TOR2A	PREDICTED：similar to Torsin family 2，member A
gi｜118087134	TPD52	gag R10［Coturnix coturnix］
gi｜71894970	TPD52L2	tumor protein D54
gi｜45382060	TPI1	triosephosphate isomerase
gi｜118082132	TPRKB	PREDICTED：similar to Prpk（p53-related protein kinase）-binding protein
gi｜45382328	TPT1	translationally-controlled tumor protein homolog
gi｜118093346	TRAF3IP1	PREDICTED：similar to interleukin 13 receptor alpha 1-binding protein-1
gi｜118089197	TRAM2	PREDICTED：similar to KIAA0057
gi｜118082898	TRIM24	PREDICTED：similar to Transcription intermediary factor 1-alpha（TIF1-alpha）（Tripartite motif-containing protein 24）（RING finger protein 82）

（续表）

Gene	Symbol	Desription［Gallus gallus］
gi｜71896954	TRIM59	tripartite motif-containing protein 59
gi｜118086320	TRIP13	PREDICTED：similar to HPV16 E1 protein binding protein
gi｜45383419	TRMT11	tRNA guanosine-2'-O-methyltransferase TRM11 homolog
gi｜71897066	TRMU	mitochondrial tRNA-specific 2-thiouridylase 1
gi｜118089472	TSPAN6	PREDICTED：similar to tetraspanin 6
gi｜118083929	TSPAN7	PREDICTED：hypothetical protein
gi｜57529579	TTC14	tetratricopeptide repeat protein 14
gi｜118082609	TTC26	PREDICTED：hypothetical protein
gi｜60302781	TTC27	tetratricopeptide repeat protein 27
gi｜118083180	TTC38	PREDICTED：similar to FLJ20699 protein
gi｜118099443	TTLL11	PREDICTED：similar to Tubulin tyrosine ligase-like family, member 11
gi｜118096064	TUBGCP4	PREDICTED：similar to Gamma tubulin ring complex protein（76p gene）
gi｜45382922	TULP1	tubby-related protein 1
gi｜118086740	TXNDC10	PREDICTED：similar to KIAA1830 protein
gi｜118097689	TXNDC11	PREDICTED：hypothetical protein
gi｜118094769	TYW3	PREDICTED：hypothetical protein
gi｜118097176	UBE2D2	PREDICTED：similar to Chain A, Nmr Based Structural Model Of The Ubch5b-Cnot4 Complex
gi｜118101078	UBE4B	PREDICTED：similar to ubiquitin-fusion degradation protein 2
gi｜71897328	UBQLN4	ubiquilin-4
gi｜118101122	UBR4	PREDICTED：similar to retinoblastoma-associated factor 600（RBAF600）
gi｜118095541	ULK3	RecName：Full = Serine/threonine-protein kinase ULK3；AltName：Full = Unc-51-like kinase 3
gi｜118084231	UNC50	PREDICTED：similar to Unc-50 homolog
gi｜118093166	UROS	PREDICTED：similar to Uroporphyrinogen-III synthase（UROS）（Uroporphyrinogen-III cosynthetase）（Hydroxymethylbilane hydrolyase［cyclizing]）（UROIIIS）
gi｜118083791	USP16	PREDICTED：similar to ubiquitin specific protease 16
gi｜118083013	USP18	PREDICTED：similar to ubiquitin-specific protease ISG43
gi｜118092720	USP54	PREDICTED：hypothetical protein
gi｜60302853	UTP15	U3 small nucleolar RNA-associated protein 15 homolog

（续表）

Gene	Symbol	Desription〔Gallus gallus〕
gi丨60302681	VAV3	guanine nucleotide exchange factor VAV3
gi丨86129491	VNN1	vanin 1
gi丨118092579	VPS26A	PREDICTED：hypothetical protein
gi丨71894866	VPS39	vam6/Vps39-like protein
gi丨118118273	WASF2	PREDICTED：similar to WASP-family protein
gi丨118089433	WDR44	PREDICTED：WD repeat domain 44
gi丨57525218	WDR5	WD repeat-containing protein 5
gi丨94536818	WDR61	WD repeat-containing protein 61
gi丨118100164	WDR81	PREDICTED：similar to WDR81 protein
gi丨118101554	WDTC1	PREDICTED：similar to WD and tetratricopeptide repeats protein 1
gi丨118090695	WFS1	PREDICTED：similar to WFS1
gi丨118090798	WHSC1	PREDICTED：similar to MMSET type II
gi丨118100604	WISP2	PREDICTED：similar to connective tissue growth factor-related protein
gi丨56090136	WNT6	wingless-related MMTV integration site 6 homolog
gi丨118082724	XPNPEP3	PREDICTED：hypothetical protein
gi丨118082314	YEATS4	YEATS domain-containing protein 4
gi丨71895642	YOD1	ubiquitin thioesterase OTU1
gi丨118084201	ZBED1	PREDICTED：similar to KIAA0785 protein
gi丨118094034	ZBTB41	PREDICTED：similar to FRBZ1 protein（FRBZ1）
gi丨60302817	ZC3H14	zinc finger CCCH domain-containing protein 14
gi丨118090467	ZDHHC2	PREDICTED：hypothetical protein
gi丨88853840	ZDHHC5	probable palmitoyltransferase ZDHHC5
gi丨118096542	ZDHHC7	PREDICTED：similar to putative zinc finger protein SERZ-1
gi丨71895464	ZMAT2	zinc finger，matrin type 2
gi丨118086714	ZNF236	PREDICTED：similar to Zinc finger protein 236
gi丨71143108	ZNF313	RING finger protein 114
gi丨118088076	ZNF318	PREDICTED：similar to zinc finger protein 318
gi丨118086720	ZNF407	PREDICTED：similar to mKIAA1703 protein
gi丨57529944	ZNF410	zinc finger protein 410
gi丨118088938	ZNF451	PREDICTED：similar to zinc finger protein 451

（续表）

Gene	Symbol	Desription［Gallus gallus］
gi｜118092527	ZNF511	PREDICTED：similar to ZNF511 protein
gi｜118086913	ZNF521	PREDICTED：similar to ZNF521 protein
gi｜45383849	ZNF622	RecName：Full＝Zinc finger protein 622；AltName：Full＝Zn-finger protein C47
gi｜45382218		proactivator polypeptide precursor
gi｜45383875		Rho-related BTB domain containing 2
gi｜45383935		enhancer-binding protein beta
gi｜47825392		RecName：Full＝NF-kappa-B inhibitor alpha；AltName：Full＝I-kappa-B-alpha；Short＝IkappaBalpha；Short＝IkB-alpha；AltName：Full＝REL-associated protein pp40
gi｜57529725		hypothetical protein
gi｜70778856		DNA polymerase epsilon subunit 3
gi｜71051604		exosome component 10
gi｜71894868		hypothetical protein
gi｜71895586		SET domain-containing protein 6

附录

缩写词和中英文对照表

英文缩写	英文全称	中文全称
2-DE	two dimensional gel electrophoresis	双向凝胶电泳
ACN	acetonitrile	乙腈
Amp	ampicillin	氨苄青霉素
AMPV-1	paramyxovirus serotype	禽副黏病毒 1 型
AMV	avian myeloblastosis virus	禽成髓细胞瘤病毒
AP	alkaline phosohatase	碱性磷酸酶
APS	ammoniumperoxodi sulfate	过硫酸铵
bp	base pair	碱基对
BSA	bovine serum albumin	牛血清白蛋白
cDNA	complementary deoxyribonucleic acid	互补脱氧核糖核酸
CA	carrier ampholyte	载体两性电解质
CDC	cell division cycle	细胞分裂周期
CEF	chicken embryo fibroblast	鸡胚成纤维细胞
CHAPS3	3- ［（3-cholamidopropyl） dimethyl ammonio］-1-propanesulfonate	丙基硫酸盐
CPE	cytopathic effect	细胞病变效应
dNTP	deoxynucleoside triphosphate	脱氧核苷三磷酸
DAB	diaminobenzidine	3，3′二氨基联苯二胺
DEPC	diethyl pyrocarbonate	焦碳酸二乙酯
DGE	digital gene expression tag profile	数字化表达谱
DNase	deoxyribonuclease	脱氧核糖核酸酶

（续表）

英文缩写	英文全称	中文全称
DNA	deoxyribonucleic acid	脱氧核糖核苷酸
DPI	days post infection	感染后天数
DTT	dithioghreitol	二硫苏糖醇
EDTA	ethylendiamina tetra acetic acid	乙二胺四乙酸
F	fusion protein	融合蛋白
FCS	fetal calf serum	犊牛血清
g	gram	克
GEF	goose embryo fibroblast	鹅胚成纤维细胞
h	hour	小时
HA	hemagglutination	血凝
HE	hematoxylin-eosin staining	苏木精和伊红染色
HI	hemagglutinin inhibition	血凝抑制
HN	hemagglutinin-neuraminidase	血凝素-神经氨酸酶
HR	heptad repeat sequence	七肽重复序列
HRP	horseradish peroxidase	辣根过氧化物酶
HSP	heat shock proteins	热休克蛋白
IAA	iodoacetamide	碘乙酰胺
ICPI	intracerebral pathogenicity index	1 日龄雏鸡脑内接种致病指数
IEF	isoelectric focusing	等电聚焦
IgG	immunoglobulin G	免疫球蛋白 G
IPG	immbolized pH gradient	固相 pH 梯度
IPTG	isopropylthio-β-D-galactodise	异丙基硫代-β-D-半乳糖苷
IVPI	intravenous pathogenicity index	6 周龄鸡静脉接种致病指数
KDa	kilodalton	千道尔顿
L	large protein	大蛋白
LC	liquid chromatography	液相色谱

英文缩写	英文全称	中文全称
M	matrix protein	基质蛋白
M	mole/liter	摩尔/升
MALDI	matrix assisted laser desorption ionization	基质辅助激光解吸/电离
mAb	monoclonal antibody	单克隆抗体
MDT	mean death time	鸡胚平均死亡时间
min	minute	分钟
ml	milliliter	毫升
mM/L	millimole/liter	毫摩尔/升
mRNA	messenger ribonucleic acid	信使核糖核苷酸
MS	Mass spectrometry	质谱
MS/MS	tandem mass spectrometry	串联质谱
MW	molecular weight	分子量
m/z	Mass to charge ratio	质荷比
NA	neuraminidase activity	神经氨酸酶活性
NC	nitrocellulose	硝酸纤维膜
NCBI	National center for biotechnology information	美国国家生物技术信息中心
ND	Newcastle disease	新城疫
NDV	Newcastle disease virus	新城疫病毒
NP	nucleocapsid protein	核衣壳蛋白
nt	nucleotide	核苷酸
OD	optical density	光密度
OIE	Office International des Epizooties	国际兽疫局
ORF	open reading Frame	开放阅读框
P	phosphorated protein	磷蛋白
PAGE	polyacrylamide gel electrophoresis	聚丙烯酰胺凝胶电泳
PBS	phosphate buffered saline solution	磷酸盐缓冲液
PBST	phosphate buffered saline tween-20	磷酸盐缓冲液-吐温

（续表）

英文缩写	英文全称	中文全称
PCR	ploymerase chain reaction	聚合酶链式反应
pfu	plaque forming unit	噬斑形成单位
polyA	polyadenylic acid	聚腺苷酸
rpm	rotate per minute	转/分钟
RT	reverse transcription	反转录
RT-PCR	reverse transcription-PCR	反转录多聚酶链式反应
s	second	秒
SDS	soduium dodecyl sulfate	十二烷基磺酸钠
SDS-PAGES	sodium dodecyl sulfate-polyacrylamide gel electoresis	十二烷基磺酸钠聚丙烯酰胺凝胶电泳
SPF	specific-pathogen free	无特定病原体
SSP	standard spot	标准点
TCA	trichloroacetic acid	氯乙酸
TEMED	tetramethy lethy lenediamine	四甲基乙二胺
TFA	trifluoroaeetie acid	三氟乙酸
Tris	trihydroxy methylam inomethane	三（羟甲基）氨基甲烷
μl	microliter	微升
Vh	Voltage hour	电压伏特小时
X-gal	5-Bromo-4-Chloro-3Indolyβ-D-Galactoside	5-溴-4-氯-3-吲哚-β-D-半乳糖苷